Herbert Loos | Wie werde ich meine Firma los?

HERBERT LOOS

WIE WERDE ICH MEINE FIRMA LOS?

**Ratgeber für KMU-Gesellschafter
Fallbeispiele, Tipps, Checklisten
und Perspektiven**

BUCHER

Bibliografische Information der Deutschen Nationalbibliothek:
Die Deutsche Nationalbibliothek verzeichnet diese Publikation
in der Deutschen Nationalbibliografie; detaillierte bibliografische
Daten sind im Internet über http://dnb.d-nb.de abrufbar.

1. Auflage 2010
© BUCHER Verlag Hohenems – Wien
www.bucherverlag.com
Alle Rechte vorbehalten

Gestaltung und Druck
BUCHER Druck Verlag Netzwerk

Bindearbeiten
Buchbinderei Eibert, Eschenbach, CH

Printed in Austria

ISBN 978-3-902679-79-6

Inhalt

Einleitung

Dieses Buch habe ich für jene Leser geschrieben, die in absehbarer Zeit ihr Unternehmen übergeben oder verkaufen wollen. Dabei war mir der praktische Ansatz extrem wichtig. Ich möchte Ihnen hier über meine beruflichen Erfahrungen als Unternehmensberater und über einige Hintergründe von Firmenverkäufen erzählen. Betrachten Sie daher dieses Buch nicht als akademisches Fachbuch, sondern als kompakte Lektüre zu einem so aktuellen wie vielschichtigen Thema. Es gibt viele Möglichkeiten, seine Firma los zu werden. Sie können Ihren Betrieb an die nächste Generation verschenken bzw. vererben oder auch an einen langjährigen Mitarbeiter übertragen. Sie können Ihre Firma aber auch an Externe verkaufen. Jede Firma – egal wie groß sie ist – hat einen Wert. Aus Vereinfachungsgründen wird in diesem Buch immer vom Firmenverkauf bzw. -kauf geschrieben. Viele Hinweise gelten aber natürlich auch bei der innerfamiliären Betriebsübergabe.

Erfreulicherweise lebt dieses Buch nicht zuletzt von den vielen Inputs der Interviews in betroffenen Unternehmen. Anhand dieser Beispiele, gespickt mit Histörchen und Anekdoten, begegnen Sie vielleicht jener Situation, in der Sie sich selbst gerade befinden. Neben den harten wirtschaftlichen Fakten kommen immer wieder die Gefühle und Empfindungen der Beteiligten und somit wertvolle persönliche Erkenntnisse zur Sprache.

»Erfahrung kann man nicht lernen.« Aber: »Aus Fehlern lernt man! Noch klüger ist es jedoch, aus den Fehlern anderer zu lernen«, wie Otto von Bismarck oft zitiert wird.

Bitte begeben Sie sich nun hinter die vordergründigen Geschäftskulissen (Unternehmensbewertung, Finanzierung, Kaufvertrag, etc.) und beginnen Sie mit mir den Weg vom Firmenchef zum Privatier – oder umgekehrt.

Ich möchte mich an dieser Stelle bei Frau Mag. Claudia Pfanner und bei allen Interviewpartnern bedanken, die sich die Zeit für unsere

Recherche genommen haben. Ohne sie wäre ein Buch, wie es hier vorliegt, nicht möglich. Weiter möchte ich mich bei meinen Arbeitskollegen von Loos & Partner und den Kollegen der Infolge-Berater-Gruppe (www.infolge.at) für die vielen Anregungen und Ideen bedanken.

Nicht zuletzt gilt mein Dank meiner Frau Karin für die – teilweise emotionalen – Disskussionen und Korrekturen.

Vielen Dank!

»Wenn ich eine Entscheidung von nicht allzu großer Bedeutung fällen musste, habe ich es immer vorteilhaft gefunden, alles Für und Wider abzuwägen.

In lebenswichtigen Dingen jedoch, wie etwa der Wahl eines Partners oder eines Berufs, sollte die Entscheidung aus dem Unbewussten kommen, irgendwoher aus unserem Innern.«

Sigmund Freud

1. Das Leben danach:
vom Unternehmer zum Privatier

1.1 Welche Gefühle entstehen nach einer Firmenübergabe?

Egal wie lange Sie Ihren Rückzug aus dem aktiven Unternehmerleben geplant haben, egal welche neuen Aufgaben man Ihnen übertragen bzw. in Aussicht stellen wird: Sie sind aus dem Unternehmen draussen!

Je früher Sie sich mit dieser Situation und mit diesem Gefühl auseinandersetzen, desto weniger stark trifft es Sie. Das ist wie bei einem Marathonlauf. Nach ca. 30 bis 35 Kilometern kommt der sogenannte »Hammer«. Da geht für eine kurze Zeit gar nichts. Man ist leer und müde. Erst nach ein paar Minuten findet man den alten Rhythmus wieder. Beim zweiten Marathonlauf geht, bzw. läuft es schon deutlich besser. Der »Hammer« kommt trotzdem, aber nicht mehr so heftig (zwischenzeitliches ordentliches Training vorausgesetzt!). Zur gewissenhaften Vorbereitung auf einen Marathonlauf besucht man vielleicht das eine oder andere Laufseminar. Hier gibt es Tipps und Tricks, wie mit dieser Ermüdungsphase umzugehen ist. Viele Lauftrainer sprechen sogar davon, dass es den »Hammer« nur in der Einbildung der Läufer gibt. Ich kann Ihnen aber versichern, dass er tatsächlich existiert. Leugnen ist zwecklos. Das einzige erfolgreiche Mittel dagegen ist die Akzeptanz und die bewusste Konfrontation.

»Ich habe nicht gewusst, was ich danach mache. Mir ein zweites Standbein aufzubauen, ist mir aber nie gelungen. Es ist immer wieder im Sand verlaufen. Ich habe irgendwann entschieden, so jetzt ist es fertig. Ich höre einfach auf und mache mich als erstes frei und suche dann etwas. Und so war das dann auch. Es war aber klar, dass ich was Neues danach machen möchte. Ich habe ganz viele Sachen ausprobiert.« (Interview Reinhard Decker, Elektro Decker GmbH, 05/2009)

Auch nach Beendigung der aktiven Unternehmerlaufbahn kommt ein »Gefühls-Hammer«. Er ist anders als beim Marathonlauf. Sie sind nicht unbedingt müde und kraftlos – aber vielleicht fühlen Sie sich nutzlos.

Bei einem Firmenverkauf fehlt naturgemäß die entsprechende Praxis. Viele Unternehmer machen diesen Schritt nur einmal in ihrem gesamten Berufsleben. Gerade in dieser Situation sollte man aber wissen, was passiert und wie man mit den Anforderungen umgeht. Welche Gefühle treten nach der Firmenübergabe auf? Die Schilderung der nachstehenden Empfindungen habe ich in vielen Gesprächen mit den Betroffenen aufgezeichnet. Selbstverständlich reagiert jeder Mensch anders. Trotzdem gibt es gewisse stereotype Reaktionen bei Ex-Unternehmern.

Exkurs: Abnabelungsprozess

Eine bewährte Methode zur Loslösung vom Gewohnten ist der bewusste Abnabelungsprozess. Speziell wenn der Betrieb nicht innerhalb der Familie verblieben ist, sondern extern verkauft wurde, ist eine aktive Trennung von der Firma von großer Bedeutung. Wir empfehlen daher z.b. ein großes Abschiedsfest, eine Betriebsfeier oder eine ähnliche Veranstaltung, bei der Sie öffentlich Ihren Rückzug bekanntgeben.

> »Der Abnabelungsprozess ist mit einem Ritual gut gelungen. Wir haben in der Firma einen kleinen Ausstand gemacht und der Lehrbub durfte das Lagerfeuer anheizen. Als es dunkel wurde, sagte ich, es gibt eine Überraschung. Es waren alle da. Wir sind ans Lagerfeuer und da habe ich jedem einzelnen ein Geschenk überreicht. Jeder sollte sich sein Geschenk (einen kleinen Goldbarren) nehmen. Dann wurde die Vergangenheit symbolisch dem Feuer übergeben. Das war fantastisch. Es wurden so viele Emotionen frei. Ich habe auch teilweise von den Mitarbeitern Geschenke bekommen. Es sind Tränen geflossen auf beiden Seiten. Das war ein beeindruckendes Erlebnis. Und es hat die ganze Verbindung, die ich über 25 Jahre aufgebaut habe – es war ja mein

Baby – auf einen Schlag gelöst. Dem Geschäftsführer habe ich den Schlüssel in einem Kuvert übergeben. Das war das letzte Mal, dass ich den Schlüssel in der Hand hatte. Es hat alles gepasst.«
(Interview Reinhard Decker, Elektro Decker GmbH, 05/2009)

1.1.1 Urlaubsstimmung

Die ersten zwei Monate nach der Übergabe genießt man weitgehend unbeschwert. Es ist wie ein langer Urlaub: Sie schlafen gut. Die Last der Verantwortung ist weg. Die Sorgen wegen der Bankschulden sind erloschen. Wie war das noch mit den anstehenden Investitionen? – Vergessen!

Natürlich denken Sie noch an die Firma, an die Mitarbeiter, an die Kunden: Hoffentlich gibt es keine Reklamationen, keine Krankenstände, genügend Arbeit, usw. Nach einiger Zeit treten aber dann unterschiedliche, stark polarisierende Gefühle auf. Auf der einen Seite sind es positive Gefühle, wie Ruhe, Harmonie, Entspannung. Es gibt aber auch starke negative Gefühle. Auf sie werde ich später zu sprechen kommen.

Welches sind die positiven Empfindungen, wenn Sie Ihre Firma mit all den Sorgen und Problemen los sind?

1.1.2 Hurra – ich habe es geschafft!

»Jetzt kann ich mich um meine Hobbies kümmern. Ich will Golfspielen lernen. Ich will mich um meine Enkelkinder kümmern«, usw. Sie können den Kaufpreis krisensicher anlegen, Ihr Vermögen verwalten und sich in Ruhe zurücklehnen.

Tipp: Überlegen Sie sich im Vorfeld, was Sie mit der neu gewonnenen Freizeit anfangen. Die Idee mit dem Golfspielen klingt vielleicht im ersten Moment ganz nett, aber wollen Sie das wirklich? Machen Sie sich eine Liste mit all den Dingen, die Sie schon immer einmal tun wollten. Auf diese Liste sollen Sie wirklich alles schreiben. Z.B.: ein Musikinstrument lernen, eine Fremdsprache verbessern, die

Zugspitze (2.962 m), den Großglockner (3.798 m), das Matterhorn (4.478 m) oder vielleicht gleich den Kilimanjaro (5.895 m) besteigen, das Haus umbauen oder den Garten neu gestalten, mehr Zeit mit der Familie verbringen, usw. Sollte diese Liste leer bleiben, haben Sie ein Problem – ein großes Problem! Wenn Sie hingegen rasch mehrere Seiten vollgeschrieben haben, wird es Zeit für eine realistische Gewichtung Ihrer Projekte. Keine Sorge, es müssen keine Termine festgelegt werden. Aber bei einer sorgfältigen Auswahl Ihrer zukünftigen Aktivitäten sollten Sie sich Zeit lassen. Es ist dann nämlich umso frustrierender, wenn z. B. das neue Klavier im Wohnzimmer nie benützt wird.

»Für mich war es wichtig, die Firma zu verkaufen. Wenn ich sie nur verpachte oder vermiete, hänge ich weiter mit drinnen. Wenn dann jemand ein paar Jahre später aussteigt, stehe ich wieder bei null. So ist es verkauft.« (Interview Roland Lang, Offsetdruck Bezau GmbH, 06/2009)

Es gibt aber – wie schon erwähnt – auch eine Kehrseite der Gefühlswelt. Nach der emotionalen »Schonzeit« treten erste Bedenken und Fragen auf.

1.1.3 Zweifel an der Qualität des Nachfolgers

»Können die neuen Eigentümer das Unternehmen erfolgreich weiterführen?« Diese Frage stellt sich speziell dann, wenn der neue Eigentümer die eigene Tochter oder der Sohn ist. »Wieso werde ich so selten gefragt? Ist meine langjährige Erfahrung nichts mehr wert?«

Sie sollten sich von Anfang an dessen bewußt sein, dass es in Zukunft nicht mehr so ist, wie es einmal war. Das erklärt sich nicht nur durch die Akteure der neuen Firmenführung. Es ist zu berücksichtigen, dass die jüngere Generation einfach »anders« ist. Die gesamte Einstellung zum Leben, zur Lebensqualität, das Freizeitverhalten, der Umgang mit den Mitarbeitern usw. haben sich in den letzten zwanzig Jahren massiv verändert. Das heißt, Sie als Unternehmer

»vom alten Schlag«, der Tag und Nacht gearbeitet hat, dürfen sich nicht wundern, wenn plötzlich am Freitagnachmittag die Büros geschlossen sind. Von Samstagsarbeit ganz zu schweigen. Die Zeiten haben sich eben geändert. Das heißt aber nicht, dass das Unternehmen deshalb schlechter geführt wird.

Während der Übergabephase ist es ratsam, Art und Umfang der Aufgaben des ehemaligen Unternehmers genau zu definieren. Speziell bei innerfamiliärer Betriebsübergabe muss ein klares Kompetenz- und Zeitkonzept erstellt werden. Dabei empfiehlt sich ein dreistufiger Prozess:

Unternehmer → Konsulent → Privatier

Das Engagement als Konsulent muss zeitlich und inhaltlich begrenzt sein! Der Konsulent ist nicht der Chef! Als ehemaliger Unternehmer dürfen Sie außerdem nicht enttäuscht sein, wenn Sie nicht mehr so oft zu Rate gezogen werden. Beenden Sie die Beraterrolle, wenn für beide Seiten der richtige Zeitpunkt da ist, d.h. also lieber (viel) zu früh als (ein bisschen) zu spät. Es ist doch besser, wenn man sagt: »Schade, dass er jetzt nicht mehr da ist«, als wenn man von dritter Seite hört: »Wie lange wird er sich denn noch einmischen?«

Die Konditionen für die Konsulententätigkeit sollten von Anfang an geklärt werden: Wie groß ist der Umfang (Wochenstunden)? Wie hoch ist das Stundenhonorar? Wie werden Spesen (Auto, Übernachtung, etc.) abgegolten? Wie lange wird die Tätigkeit in Anspruch genommen?

Bitte definieren Sie die oben genannten Punkte eindeutig. Auch bei innerfamiliären Betriebsübergaben empfehle ich dringend die Vereinbarung eines Konsulentenhonorars. Dabei geht es nicht in erster Linie ums Geld, sondern um eine Form und Ausdruck der persönlichen Wertschätzung. Aus Ihrem neuen Leben als Privatier entsteht dann ein neues Leben für Ihre ehemalige Firma.

»Der Betrieb ist zwar für mich gestorben, aber mit seinem neuen Chef lebt er weiter.« (Interview Roland Lang, Offsetdruck Bezau GmbH, 06/2009)

Man muss

etwas Neues

anfangen,

um das Alte

zu vergessen.

1.1.4 Langeweile

Eine weiteres negatives Gefühl, mit dem Sie rechnen müssen, ist die Langeweile – auch und gerade, wenn sie Ihnen bisher völlig unbekannt geblieben ist. »Mir ist fad!« »Ich fühle mich überflüssig und unbrauchbar!« In einer Welt, in der wir uns gerne und häufig durch materielle Dinge (Haus, Auto, Schmuck, etc.) und durch Status (Chef, Unternehmer, Vorstand in einem Verein, etc.) definieren, kann es schwierig werden, nur noch Privatier, also praktisch »niemand« zu sein. Das wirkt dann wie kalter Entzug. Und es gibt nichts zu beschönigen: Den Status des Unternehmers sind Sie los. Gehen Sie aber aktiv an diese Situation heran! Sprechen Sie mit Ihrer Familie, mit Ihren Freunden und Verwandten. Verstecken Sie Ihren neuen Status nicht! Es gibt viele Gelegenheiten, bei denen Sie Ihre Lebenserfahrung und Ihre besonderen Qualitäten z.b. in gemeinnützigen Organisationen (sozial, sportlich, karitativ, kommunal) einbringen können. Informieren Sie sich!

1.1.5 Zweifel am Kaufpreis

Wie war das mit dem Kaufpreis? Haben Sie wirklich einen fairen Preis erhalten? Der Neue kann sich doch in ein gemachtes Nest setzen! Er hat es nicht so schwierig wie Sie, der Sie alles aufbauen und anschaffen mussten. Kunden, Personal, Gebäude, Maschinen: alles ist schon da!

Wichtig: Sie haben nicht nur einen Betrieb übergeben oder verkauft, sondern Ihr Lebenswerk, Ihr »Kind«!

Daher ist es ganz natürlich, dass Sie neben den mathematisch errechneten Ertrags- und Substanzwerten auch noch eine emotionale Bindung zu Ihrer Firma verspüren. Diese emotionale Bindung lässt sich nur sehr bedingt finanziell abgelten. Somit ist es ganz natürlich, wenn Sie das Gefühl haben, vielleicht ein bisschen zu wenig für Ihre Firma bekommen zu haben.

Ein wichtiger Faktor bei der Kaufpreisfindung ist der Grund bzw. sind die Beweggründe Ihres Firmenverkaufs. Wenn Sie aus gesundheitlichen oder aus wirtschaftlichen Gründen dringend verkaufen müssen, wird das Gefühl des zu niedrigen Kaufpreises besonders stark ausgeprägt sein. Ich werde weiter unten ausführlicher über dieses Thema und über die Kaufpreisfindung schreiben (Kapitel 6).

1.1.6 Neid

Stellen Sie sich vor, Ihr ehemaliges Unternehmen floriert, verdoppelt in kürzester Zeit den Umsatz und den Gewinn und läuft richtig gut. Wie fühlen Sie sich dabei? Freuen Sie sich mit den Neuen oder ist da doch ein bißchen Neid im Hintergrund? Neid ist kein Gefühl, das man in der Öffentlichkeit zugibt. Er zählt ja immerhin zu den sieben Todsünden. Und trotzdem ist er einfach da. Trösten Sie sich mit der Tatsache, dass zum Erfolg eines Unternehmens viele Faktoren gehören, die Sie nicht beeinflussen können. Vielleicht hat der Neue einfach nur Glück, vielleicht hat er auch einen besseren Riecher für das richtige Produkt am richtigen Ort zur richtigen Zeit. Fragen Sie sich selbst: Ist es Ihnen lieber, wenn Ihre alte Firma schlecht läuft und alle Leute in der Umgebung sagen:»Schau dir einmal die Fa. XY an – eine Schande!« Noch schlimmer wäre es, wenn man Ihnen Jahre nach der Betriebsübergabe einen Vorwurf zur aktuellen Situation macht. Da ist es doch weitaus besser, es geht Ihrer alten Firma gut – oder?

Die Liste der unterschiedlichen Gefühle könnte ich noch deutlich verlängern. Ich finde es aber einfach wichtig, dass Sie von Anfang an mit dem Auftreten solcher Emotionen rechnen. Es ist also wieder wie bei unserem Marathonläufer. Der Gefühls-Hammer kommt. Ihn zu leugnen ist zwecklos. Stellen Sie sich ihm! Sprechen Sie darüber!

1.2 Wann ist der richtige Zeitpunkt und was sind die Beweggründe für die Betriebsübergabe bzw. den Unternehmensverkauf?

Die Frage des richtigen Zeitpunkts ist sehr einfach zu beantworten: Wahrscheinlich nie! Das heißt, sie wählen im Idealfall den besten der schlechten Zeitpunkte aus. Je nach Situation und Typ gibt es fünf typische Beweggründe für eine Betriebsübergabe bzw. einen Unternehmensverkauf – je nach Charakter oder Befindlichkeit:

1.2.1 Typ 1: Der Lustlose

Ihr Zeitpunkt ist gekommen, wenn Sie das Gefühl haben, nicht mehr zu wollen. Wenn Ihnen der innere Antrieb fehlt. Wenn Sie einfach keine Lust mehr haben, morgens aufzustehen und in die Firma zu gehen. Dann ist der späteste Zeitpunkt für einen Wechsel. Als Angestellter würden Sie kündigen, sich eine Auszeit gönnen (wenn Sie es sich leisten können) oder eine neue Herausforderung in einem neuen Job suchen. Als Unternehmer ist das nicht so einfach. Es gibt grundsätzlich nur zwei Möglichkeiten. Entweder Sie suchen sich einen Geschäftsführer, der Ihre Aufgabe übernimmt. Sollten Sie nach einiger Zeit das Gefühl haben, zurückkommen zu wollen, bleibt Ihnen diese Option offen. Das Engagement eines Geschäftsführers rechnet sich wirtschaftlich aber erst ab einer gewissen Unternehmensgröße. Die Wahrscheinlichkeit, dass Sie selbst nach einer Auszeit wieder zurückkommen, ist erfahrungsgemäß äußerst gering.

Somit kann man unverzüglich zur zweiten Alternative übergehen. Nämlich zur Veräußerung Ihrer Firma. Meistens werden Sie nicht den höchsten Preis für Ihre Firma erhalten, denn in der zuvor beschriebenen Phase der Lustlosigkeit sprüht Ihre Firma meist nicht vor vielen Ideen, Innovationen und Visionen. Gerade diese Zukunftsperspektiven sind jedoch bei der Ermittlung des Unternehmenswertes relevant. Mehr darüber lesen Sie in Kapitel 6 »Was ist meine Firma wert?«

Hier einige Aussagen aus den Interviews mit Ex-Unternehmern bzw. mit Käufern:

»Es hat alles gut funktioniert. Es ist nur darum gegangen, wo man sich jetzt findet. Emotional bin ich natürlich da drin verankert gewesen, ….ich hatte aber von heute auf morgen keine Lust mehr zu arbeiten « (Interview Roland Lang, Offsetdruck Bezau GmbH, 06/2009)

»Man verkauft, wenn etwas nicht passt.« (Interview Bernhard Gössler, Druckhaus Gössler, 06/2009)

»Der Verkauf bedeutete für mich: Ballast ist weg! Eine Sorge weniger!« (Interview Hartmut Lohs, Druckerei Lohs GmbH, 06/2009)

1.2.2 Typ 2: Der Materialist

Wenn Sie daran interessiert sind, das Maximum an finanziellen Mitteln aus dem Verkauf Ihrer Firma zu erhalten, sollten Sie das Unternehmen am Höhepunkt des wirtschaftlichen Erfolgs verkaufen. Wenn Sie davon überzeugt sind, dass das letzte Geschäftsjahr alle Rekorde gesprengt hat und Sie kaum eine Chance sehen, dieses Ergebnis noch zu toppen: Dann ist der richtige Zeitpunkt für Typ 2 gekommen.

Den materialistischen Typ, den wir auch den kühlen Rechner nennen können, finden wir hier am Beispiel der Fa. Druckerei Lohs GmbH in Wolfurt:

»… weil erstens hatte ich in jenem Jahr eine andere Firma im Aufbau. Zweitens sank der Spaßfaktor die vorherigen Jahre sehr stark. Drittens wären große Investitionen vonnöten gewesen, die nicht mehr zu verdienen waren. Auch wäre durch diese Investitionen wieder mehr Kapazität geschaffen worden, was meiner Meinung nach keinen Sinn gemacht hätte.« (Interview Hartmut Lohs, Druckerei Lohs GmbH, 06/2009)

1.2.3 Typ 3: Der Idealist

Dieser Typ sind Sie, wenn Ihnen die Nachhaltigkeit Ihrer Firma sehr am Herzen liegt. Diese Wertigkeit ist besonders stark bei einer innerfamiliären Betriebsübergabe oder wenn der Firmenwortlaut Ihren Familiennamen beinhaltet. Der Kaufpreis hat zwar eine Bedeutung, ist aber nachrangig. Der neue Eigentümer muss auch imstande sein, den Kaufpreis in einer überschaubaren Zeit wieder zu verdienen. Sollte sich der Käufer mit der Firmenübernahme »übernommen« haben, ist die Nachhaltigkeit nicht gesichert. Das wäre für Typ 3 unerträglich.

»Der Hauptgrund für den Unternehmensverkauf war, dass meine Tochter nicht gewillt war, das Unternehmen zu übernehmen und dann war für mich klar, dass ich das nicht mehr mache bis ich in Pension komme, sondern dass ich auch noch etwas anderes machen möchte.« (Interview Reinhard Decker, Elektro Decker GmbH, 05/2009)

1.2.4 Typ 4: Der Alte

Spätestens wenn Sie das 60. Lebensjahr überschritten haben, sollten Sie sich über das Thema der Betriebsnachfolge Gedanken machen. In der einschlägigen Literatur spricht man sogar schon vom 55. Lebensjahr.

Nun liegt es aber in der allgemeinen Entwicklung der Lebenserwartung, dass man früher seinen Lebensabend ab dem 65. Lebensjahr genossen hat. Heute ist das erst der Lebensnachmittag. Die Menschen sind mit 60 oder 65 Jahren noch aktiv, sportlich und vielseitig interessiert. Jetzt muss sich Typ 4 entscheiden. Will er noch einige schöne Jahre außerhalb der Firma erleben und genießen, oder will er bis zum Geht-nicht-mehr das Firmenzepter schwingen?

»Geld hat mit 40 Jahren einen anderen Stellenwert als mit 60 Jahren. Heute ist mir Gesundheit am wichtigsten, mit 40 war Geld noch an vorderster Stelle.« (Interview Roland Lang, Offsetdruck Bezau GmbH, 06/2009)

Oft erkennen wir

unsere Stärken nicht,

weil wir sie

ganz normal finden.

1.2.5 Typ 5: Der Kranke

Man kann für Geld viel kaufen. Man kann die besten Medikamente kaufen, aber keine Gesundheit. Die Betriebsübergabe, bzw. der Firmenverkauf unter diesen Umständen ist mit Abstand der ungünstigste Fall. Im Bereich einer innerfamiliären Lösung sollte man nicht mit bösen Überraschungen konfrontiert werden. Wenn z.b. die Tochter oder der Sohn den elterlichen Betrieb gar nicht übernehmen wollen? Wenn das Studium der Kinder plötzlich abgebrochen werden muss, oder die persönliche Entwicklung und Reife der Kinder für eine so verantwortungsvolle Aufgabe nicht vorhanden sind? Im Fall einer ernsthaften Erkrankung soll daher intern geklärt werden, was alle Beteiligten wirklich wollen. Hier ist eine externe Unterstützung durch einen Berater äußerst empfehlenswert.

»Der Verkauf war für mich aufgrund meiner psychischen Verfassung eine sehr wichtige private Entscheidung. Die Vertragsunterzeichnung war für mich eine Erlösung. Ich habe der Firma nie nachgeweint, ... inzwischen habe ich wieder Lebensfreude und das passt so. « (Interview Roland Lang, Offsetdruck Bezau GmbH, 06/2009)

1.3 Checkliste zur Klärung der eigenen Position als Übergeber bzw. Firmenverkäufer

Wenn Sie die folgenden Fragen ehrlich mit »JA« beantworten können, steht einer erfolgreichen Betriebsübergabe bzw. einem geglückten Firmenverkauf nichts mehr im Wege. Jetzt geht es nur mehr um die konkrete Umsetzung anhand eines noch auszuarbeitenden Fahrplans. Dieses Buch soll Ihnen in der Folge helfen, die richtigen Schritte einzuleiten und notwendige Maßnahmen durchzuführen.

	Ja	Nein
Sind Ihnen Ihre Beweggründe für die Betriebsübergabe wirklich bewusst?		
Können Sie sich ehrlich vorstellen, in Ihrem Betrieb nicht mehr der Chef zu sein?		
Haben Sie als Übergeber bzw. Verkäufer die echte Bereitschaft zum Rücktritt?		
Haben Sie klare Vorstellungen von der Zeit nach der erfolgten Übergabe / dem getätigten Firmenverkauf?		
Haben Sie Ihre persönliche Vermögens- und Finanzlage für die Zeit nach der Übergabe (Firmenverkauf) bereits analysiert bzw. geklärt?		
Ist der Firmenverkauf bzw. die Betriebsübergabe mit Ihrer Familie abgestimmt?		
Haben Sie Ihren Nachfolger bzw. einen Käufer bereits ausgewählt?		

	Ja	Nein
Stellt der gewählte Nachfolger / Käufer die beste Wahl dar?		
Sind die Anforderungen an den Nachfolger eindeutig festgelegt?		
Ist der Übergabefahrplan einschließlich der Führungsübergabe vereinbart und zeitlich fixiert?		
Würden Sie als Übernehmer / Käufer Ihren Betrieb selbst übernehmen / kaufen wollen?		
Tätigen Sie noch Investitionen und machen Sie auch noch neue Entwicklungen?		
Ist Ihr Betrieb wettbewerbsfähig und auch wirklich rentabel?		
Wollen Sie nach der Übergabe / dem Firmenverkauf im Betrieb noch einige Zeit mitarbeiten?		
Akzeptieren die Mitarbeiter und die wahren Meinungsmacher Ihren Nachfolger?		

Quelle: »Betriebsnachfolge perfekt geregelt – für Übergeber und Übernehmer«, dbv-Druck-, Beratungs- und Verlagsgesellschaft mbH, 2005

2. Zeitplan für einen Firmenverkauf / eine Betriebsübergabe

Die Nachfolgeregelung bzw. der Verkauf eines Unternehmens ist ein Prozess mit vielen Variablen. Eine exakte Zeitdauer ist im vorhinein schwierig zu bestimmen. Die folgende Tabelle beinhaltet deshalb einen groben Zeitplan aus Sicht des Unternehmers. Bei den nachstehenden Ausführungen wird klar zwischen innerfamiliärer Betriebsübergabe und Verkauf des bestehenden Betriebs unterschieden. Es ist zu berücksichtigen, dass die Phasen nicht immer klar trennbar sind. Es kommt immer wieder zu Feedbackschleifen und die einzelnen Phasen haben von Fall zu Fall unterschiedliche Prioritäten.

Sechs Phasen bei der innerfamiliären Betriebsübergabe

Phase	Dauer
Persönliche Zielfindung	2 – 4 Wochen
Erfahrung in fremden Unternehmen (für den Übernehmer)	3 – 36 Monate
Erfahrung im Unternehmen	12 – 24 Monate
Übertragungsphase	1 Tag – 1 Jahr
Übernahmephase	14 Tage – 3 Monate
Betriebsphase	laufend

Quelle: »Betriebsnachfolge perfekt geregelt – für Übergeber und Übernehmer«, dbv-Druck-, Beratungs- und Verlagsgesellschaft mbH, 2005

Sechs Phasen beim Firmenverkauf

Phase	Dauer
Persönliche Zielfindung	2 – 4 Wochen
Unternehmensbewertung, Firmenanalyse	1 Monat
Käufer finden	1 – 6 Monate
Prüfung des Unternehmens, Due Diligence	2 Monate
Übertragungsphase	1 Tag – 1 Jahr
Übernahmephase	14 Tage – 3 Monate
Betriebsphase	laufend

Quelle: »Betriebsnachfolge perfekt geregelt – für Übergeber und Übernehmer«, dbv-Druck-, Beratungs- und Verlagsgesellschaft mbH, 2005

Wie Sie sehen, dauert ein gut geplanter Firmenverkauf fünf bis zwölf Monate. Die meiste Zeit erfordert die Suche nach dem richtigen Käufer. Eine innerfamiliäre Betriebsübergabe nimmt sogar noch mehr Zeit in Anspruch. Bis zu fünf (!) Jahre kann eine perfekt organisierte Nachfolge beanspruchen. Daher ist es gerade hier besonders wichtig, den Prozess rechtzeitig zu starten. Addieren Sie doch einfach zu Ihrem aktuellen Alter diese fünf Jahre. Wäre dann der Einstieg in den Ausstieg jetzt gerade richtig? Oder (fast) schon zu spät? Aufgrund der langen Zeitdauer empfehlen wir bei beiden Fällen (Firmenverkauf oder innerfamiliäre Betriebsnachfolge) die Begleitung durch einen Berater. Dessen Aufgabe ist es, den Prozess nach dem zuvor definierten Zeitplan voranzutreiben. Zusätzlich können mit Hilfe des Beraters Konflikte und Probleme – die unweigerlich auftreten werden – »neutral« geklärt werden.

3. Sieben Schritte zum erfolgreichen Firmenverkauf

Loslassen

So konsequent wie Sie als Eigentümer Ihr Unternehmen geführt haben, so konsequent sollten Sie sich auch daraus zurückziehen. Das heißt, Sie müssen sich auf Ihren definitiv letzten Arbeitstag vorbereiten. Das kann ein schmerzhafter Prozess sein. (Mehr dazu lesen Sie in Kapitel 1:»Das Leben danach«.)

Gut Ding braucht Weile

Der Unternehmensverkauf ist ein zeitintensiver Vorgang. Haben Sie daher Geduld. Vor allem wenn Ihre Ziele im Zusammenhang mit der Betriebsnachfolge klar sind, können Sie viel Zeit und Nerven sparen.

Machen Sie Ihre Hausaufgaben!

Bevor die Kontaktaufnahme mit potenziellen Käufern erfolgt, müssen alle internen Aufgaben erledigt werden. Diese bestehen aus der Bereitstellung der aktuellen Bilanzen der letzten drei bis fünf Jahre; aus der Erstellung einer umfangreichen Unternehmensanalyse; aus einer Unternehmensbewertung (nach unterschiedlichen Rechenmethoden, bzw. Modellen). Erst dann darf mit den Verkaufsvorbereitungen begonnen werden.

Wenn schon – denn schon

Um zu vermeiden, dass die Verkaufsabsicht generell publik wird, beschränken sich viele Unternehmensverkäufer auf den Kontakt mit wenigen möglichen und seriösen Interessenten. Das ist meiner Meinung nach falsch. Vielmehr sollen Unternehmensverkäufer möglichst viele Optionen aufbauen, um in eine komfortable Verhandlungsposition zu gelangen. Dabei helfen kompetente Berater als neutrale Vermittler.

Seien Sie vorbereitet!

Das Käufer-Interesse ist bei fast jedem Firmenverkauf groß. Doch die Begeisterung hält sich nur kurze Zeit. Viele Interessenten möchten sich »nur so« informieren. Nach den ersten persönlichen Verhandlungen schmilzt der Enthusiasmus noch weiter dahin. Sobald im Rahmen der Due Diligence (Unternehmensprüfung) der Käufer »jeden Stein« im zu kaufenden Unternehmen umdreht, wird den Verkäufern der Aufwand oft zu viel. Man muss also vorbereitet sein und ein ausreichendes Maß an Geduld mitbringen.

Seien Sie realistisch und ehrlich!

Sie müssen zum potenziellen Käufer und auch zu sich selbst ehrlich sein. Da der Wert des Unternehmens sehr stark von den zukünftigen Gewinnen und Erträgen abhängt, sind realistische Zukunftsbudgets und –prognosen extrem wichtig. Leider haben dabei die Verkäufer gerne die »rosarote Brille« auf und sind viel zu optimistisch.

Verhandeln Sie schlau!

Da es bei Unternehmenskäufen um viel Geld geht, hat das Verhandeln des Verkaufspreises und der übrigen Konditionen einen hohen Stellenwert. Das Verhandeln gehört bei vielen Geschäftsleuten zu ihren ureigensten Domänen. Je besser und routinierter man verhandelt, desto attraktiver wird der Preis.

Manchmal

ist die Kopie

besser

als das Original.

4. Die eigene Firma richtig präsentieren

Die Präsentation einer Firma beinhaltet naturgemäß viele Zahlen und Fakten. Daneben sollten mögliche Einzigartigkeiten ausgearbeitet werden. Natürlich wäre es schön, wenn Ihr Unternehmen neben guten betriebswirtschaftlichen Kennzahlen auch eine besondere Marktposition oder gar eine spezielle Marktnische besetzen könnte. Es ist aber nicht entscheidend, immer der Erste, der Beste oder das Originial zu sein. Machen Sie sich keine Sorgen, wenn Sie keine umfangreichen Alleinstellungsmerkmale finden.

Der Salvador-Dalì-Effekt

Bitte erlauben Sie mir, eine (wahre) Geschichte dazu zu erzählen. Vielleicht hilft sie Ihnen bei der Präsentation Ihrer eigenen Firma.

Der berühmte spanische Maler Salvador Dalì (1904 – 1989) hatte einen älteren Bruder. Sein Name lautete ebenfalls Salvador. Dieser ältere Bruder ist aber bereits vor der Geburt des berühmten Malers gestorben. Zum Andenken an ihr früh verstorbenes erstgeborenes Kind haben die Dalìs ihrem zweitgeborenen Sohn ebenfalls den Vornamen Salvador gegeben. Diese Tatsache hatte beim zweiten Salvador Dalì dramatische psychische Auswirkungen. So glaubte Salvador Dalì immer, lediglich die Kopie seines älteren Bruders zu sein.

Im künstlerischen Bereich begann Dalì zunächst mit Kopien der berühmten expressionistischen Maler, die er bis zur Perfektion wiedergab. Erst später fand er einen eigenen Stil mit seinen markanten Figuren (Elefanten mit überlangen Beinen, fließende Uhren, etc.). Aber auch seine eigenen Bilder hat er immer wieder kopiert. Er war stets der Meinung, er könne das Bild noch besser malen. War also seine Kopie besser als sein eigenes Original?

In der Wirtschaft findet sich der Salvador-Dalì-Effekt oft in forschungsintensiven Branchen. Hier werden bereits bestehende Produkte mit folgenden Effekten erneut »entwickelt« und »erforscht«.

- die Kopie ist besser als das Original, oder
- die Kopie ist preiswerter als das Original, oder
- weder noch, aber es gibt einen zweiten Lösungsweg für das Produkt und somit Unabhängigkeit von den Lieferanten

Sie dürfen also auch dann stolz auf Ihre Firma sein, wenn Sie keine revolutionären Erfindungen und Produkte hervorgebracht haben.

4.1 Umfang der Firmenpräsentation

Bei der Präsentation Ihrer Firma ist zwischen einem Kurzprofil und einer umfangreichen Firmenanalyse zu unterscheiden.

Das Kurzprofil, welches üblicherweise anonym gehalten wird, beinhaltet lediglich Basis-Informationen:

- Branche des zu verkaufenden Unternehmens
- Art des Verkaufs (Minderheit, Mehrheit, 100 Prozent, sharedeal, assetdeal)
- Standort, Region, Bundesland (ohne Ortsangabe)
- Umsatz (cirka)
- Mitarbeiterzahl (cirka)
- Besonderheiten (Patente, spezielles Knowhow, Verträge, etc.)
- Grund für den Firmenverkauf

Erst nach der Retournierung einer schriftlichen und gegenseitig unterschriebenen Vertraulichkeitserklärung durch den potenziellen Kaufinteressierten werden die umfassenden Firmendaten und die Firmenanalyse übermittelt.

Tipp: Möchten bzw. müssen Sie aus bestimmten Umständen den Firmenverkauf sehr rasch abwickeln, empfehlen wir sogar beim Kurzprofil konkret den Firmennamen und die Kontaktdaten zu nennen.

Der Inhalt der umfangreichen Firmenanalyse sollte folgende Informationen im Detail beinhalten:

- Allgemeine Firmendaten, Kontaktdaten, Ansprechpersonen
- Geschichtliche Entwicklung
- Management
  Vision / Leitbild
  Managementstruktur
- Stärken-, Schwächen-, Chancen-, Risiko-Profil
- Personal
  Organigramm
  Mitarbeiteranalyse
- Produkte / Dienstleistungen
- Geschäftsfelder
- Verkaufsorganisation
- Kundenstrukturanalyse
- Marketing
- Mitbewerber
- Gewinn- und Verlustrechnung
  aktuelles Geschäftsjahr
  Budget
- Bilanz
- Rechtliche Situation
- Steuerliche Bescheide, Steuerprüfungen, Steuerberatung
- IT
- Versicherungen
- Gebäude / Liegenschaft
- Fuhrparkausstattung

Ihre Firma

hat

eine Seele.

4.2   Besonderheit der Firmenpräsentation

Eine Firmenpräsentation ist mehr als nur eine Beschreibung der Firma. Sie ist anders, als wenn Sie bloß einen beliebigen Gegenstand – wie ein Auto oder ein Haus – präsentieren. Dies liegt daran, dass eine Firma aufgrund ihrer Komplexität wirklich individuell ist. Ihre Firma hat eine »Seele«. Und diese muss auch entsprechend in der Firmenpräsentation dargestellt werden, ohne zu übertreiben und ohne überheblich zu wirken.

Worin liegen die Gründe der Einzigartigkeit:

* Mitarbeiterstruktur und -beziehungen
* Kunden- und Lieferantenbeziehungen
* Zustand der Maschinen und Anlagen
* Produkte / Sortiment
* Finanzstruktur (Eigenkapital/Fremdkapital)
* Marktposition
* eigene Marke
* Firmengeschichte
* kulturelle Situation
* steuerliche Rahmenbedingungen und Einflüsse

Exkurs: Interpretation der Firmenpräsentation

So wie man Dienst- und Arbeitszeugnisse »richtig interpretieren« kann, so kann man durch eine ungeschickte Formulierung in der Firmenpräsentation einige Informationen preisgeben, die man so eigentlich nicht preisgeben möchte. Sie wissen doch auch, was Sie davon zu halten haben, wenn ein Bewerber mit einem Dienstzeugnis kommt, in dem steht:»Er war stets bemüht, ...«, oder nicht? Nun, solche verschlüsselten Formulierungen können auch in Firmenpräsentationen vorkommen. Hier einige Beispiele:

Aussage: »Wir möchten den Verkauf der Firma nur verhalten betreiben und hierfür auch keinen zeitlichen und finanziellen Aufwand betreiben.«
Klartext: Wir glauben selbst nicht, dass unsere Firma verkäuflich ist.

Aussage: »Ich bin für alles offen.«
Klartext: Ich habe keinen Plan und keine konkreten Vorstellungen. Eigentlich weiß ich gar nicht, ob ich wirklich verkaufen will.

Aussage: »Wir haben langjährig gewachsene Kundenbeziehungen.«
Klartext: Meine Kunden sind mit mir in die Jahre gekommen und es ist damit zu rechnen, dass die bisherigen Einkäufer auch bald ausscheiden.

Aussage: »Das Geschäft ist stark ausbaufähig.«
Klartext: Ich selbst habe es nicht geschafft. Ich weiß aber, dass ich nur einen Teil zu den Kunden liefere.

Aussage: »Das Unternehmen birgt erhebliche stille Reserven.«
Klartext: Ich habe seit langem nicht mehr investiert. Das Anlagevermögen ist abgeschrieben. Baldige Investitionen stehen an.

Aussage: »Wir besitzen eine großzügige, auf Erweiterung ausgelegte Betriebsimmobilie.«
Klartext: Es gab bei der Errichtung Expansionspläne, die sich jedoch nicht realisieren ließen. Die Immobilie ist also überdimensioniert.

Aussage: »Die Ertragslage ist derzeit zwar nicht besonders gut, es gibt jedoch ein enormes Potenzial.«
Klartext: Ein solches Potenzial ist de facto nicht vorhanden oder konnte nicht realisiert werden.

Aussage: »Der Käufer kann aus dem Unternehmen deutlich mehr erwirtschaften.«
Klartext: Ich habe es nicht geschafft, Umsatz und Ertrag zu steigern. Das soll jetzt ein Anderer mal versuchen.

Aussage: »Unsere Produkte sind bereits sehr langjährig am Markt etabliert.«
Klartext: Es wurde seit Jahren fast nichts mehr in Forschung und Entwicklung investiert.

Aussage: »Ein ausländischer Käufer wird deutlich mehr für meine Firma bezahlen.«
Klartext: Im Inland hat das Unternehmen einen schlechten Ruf. Es wird sich kein (dummer) Käufer finden, der den (überhöhten) Kaufpreis bezahlen will.

Aussage: »Wir haben zwar »alte« Maschinen, aber die halten noch sicher fünf bis zehn Jahre.«
Klartext: Es besteht erheblicher Investitionsstau. Der Käufer wird zukünftig kräftig investieren müssen.

Aussage: »Wir haben nur wenige Kunden, die sind aber sehr treu.«
Klartext: Man ist in der Neukundengewinnung schwach und das Umsatzrisiko verteilt sich auf wenige Kunden, was ungesund ist. Wenn jetzt noch ein wichtiger Kunde abspringt, gibt es ein Problem.

Aussage: »Wir haben nur wenige Lieferanten, die sind aber sehr treu.«
Klartext: Wir sind nachhaltig schwach in der Lieferanten(neu)gewinnung. Wenn jetzt einer unserer wichtigen Lieferanten einen anderen Vertriebsweg (ohne uns) aufbaut, entsteht ein Problem.

Aussage: »Wir wollten in der Vergangenheit nicht weiter in Umsatz und Ertrag wachsen. Das kann aber der neue Eigentümer leicht umsetzten.«
Klartext: Wir wissen nicht, wo der höhere Umsatz und Ertrag herkommen sollen.

Aussage: »Wir benennen dem Käufer erst einmal überhaupt keinen Preis und warten, was der Käufer für unsere Firma anbietet.«
Klartext: Wir haben keine Ahnung, wie sich ein »marktüblicher und marktgerechter« Kaufpreis berechnet und wie ein Käufer seine realen Kaufpreise ermittelt.

Aussage: »Wir hatten schon Kontakt mit einigen potentiellen Käufern.«

Klartext: Unsere bisherigen Verkaufsbestrebungen sind alle gescheitert.

Quelle: in Anlehnung an »Falsche Argumente«, Bernd Rüegg, www.berndrueegg.de, 2010

5. Was ist meine Firma wert?

In der Vergangenheit wurde eine Vielzahl unterschiedlicher Methoden entwickelt, um einen »fairen« Unternehmenswert aus fundierten und quantitativen Gesichtspunkten zu ermitteln. Es gibt nämlich sehr viele Möglichkeiten zur Bewertung Ihres Unternehmens. Bei den hier beschriebenen Verfahren möchte ich auf die folgenden Fragen eingehen:

- Welche Unternehmensbewertungsmethoden finden in der Praxis Anwendung?
- Wie ermittelt sich aus dem jeweiligen Verfahren ein Unternehmenswert?
- Worin liegen die Vor- und Nachteile der jeweiligen Methode?
- Welche Faktoren sind für die Unternehmensbewertung besonders zu berücksichtigen?

Will man deshalb erfolgreich verhandeln, so sollten die Funktionsweise und die entsprechenden Vor- und Nachteile der Bewertung geläufig sein, um die eigenen Interessen in der Praxis umsetzen zu können. Dies gilt natürlich sowohl für den Verkäufer als auch für den Käufer eines Unternehmens.

Worin liegt die größe Schwierigkeit? Es beginnt bereits bei der Bilanz des Unternehmens. Derzeit werden mehrere Bilanzierungsmethoden gesetzlich anerkannt (verschiedene Bilanzierungsarten wie HGB, IAS (International Accounting Standards), IFRS (International Financial Reporting Standards) oder US-GAAP, Bilanzgliederung nach Obligationenrecht Art. 663 OR in der Schweiz, etc.). Allein bei den gängigsten der anerkannten Bilanzarten gibt es aber massive Unterschiede, die durch individuelle Bewertung der einzelnen Bilanzpositionen entstehen. Damit ist zum Beispiel die Bewertung des Lagers, die Bewertung der Halbfertigen, die fehlenden Einzelwertberichtigungen der Kundenforderungen, etc. gemeint.

Ein wirklich objektiver

und fairer Wert

für ein Unternehmen

existiert NICHT!

»Die Bilanzen hängen von den Bewertungsregeln ab. Und die sind total unterschiedlich. So sind die Bilanzen bei einer Bewertung oft zweitrangig. « (Interview Dkfm. Martin Zumtobel MBA, F.M. Zumtobel Holding & Consulting GmbH, 08/2009)

Deshalb gilt hier der Grundsatz: Florierende und gesunde Unternehmen haben meist ein besseres Ergebnis als es die Bilanz darstellt (durch »steuerschonende« Maßnahmen, wie Bildung von Rückstellungen, Abwertung des Lagers, etc.), während bei schlecht gehenden, kränkelnden Unternehmen die Ertragskraft oftmals noch schlechter aussieht als in der Bilanz dargestellt.

Hier möchte ich die sieben gängigsten Unternehmensbewertungsmodelle beschreiben, die wir in der Praxis selbst einsetzen:

- Substanzwertmethode
- Liquidationsmethode
- Ertragswertmethode
- Stuttgarter Verfahren
- Wiener Verfahren
- Discountierte Cash-Flow-Verfahren
- Muliplikatorenmethode

5.1   Substanzwertmethode

Der Substanzwert eines Unternehmens spiegelt den Wert wieder, der für eine identische Reproduktion des Unternehmens im Falle der Fortführung aufzuwenden wäre. Er ermittelt sich im Wesentlichen aus der Bilanz des Unternehmens, indem zunächst alle betriebsnotwendigen Aktiva zu Marktpreisen bewertet und summiert werden. Hiervon abgezogen werden die Marktwerte des Fremdkapitals. Nicht betriebsnotwendige Vermögen (z.b. Wertpapiere des Umlaufvermögens, Grundstücke, Immobilien, etc.) werden zum Liquidationspreis bewertet und erhöhen den Substanzwert.

Substanzwert = Vermögen – Schulden

Der Substanzwert soll letztlich eine Untergrenze für den Wert eines Unternehmens darstellen. So können Wiederbeschaffungspreise der einzelnen Aktiva meist nur geschätzt werden und auch das Zusammenspiel der einzelnen Vermögensteile (z.b. Ertragskraft, Marktposition, etc.) kommt bei diesem Verfahren zu kurz. Weiter ist zu berücksichtigen, dass das Substanzwertverfahren nur die Gegenwart und nicht das zukünftige Potenzial bewertet. (Quelle: »Unternehmensbewertung – Methode, Rechenbeispiele, Vor- und Nachteile«, cometis AG, 2005)

Vorteile	Nachteile
• geringer Aufwand der Berechnung • dient als Annäherungswert • mögliche Preisuntergrenze	• keine Berücksichtigung der zukünftigen Erfolgspotenziale • keine Aussage über die Rentabilität

5.2   Liquidationsmethode

Der Liquidationswert eines Unternehmens kann im Fall der Geschäftsaufgabe oder bei Sanierungsfällen zu Hilfe genommen werden. Anders als beim Substanzwert entscheiden hier weniger die Buchwerte in der Bilanz als vielmehr letztlich der »fiktive« Preis, den potenzielle Käufer bereit sind für die Vermögensgegenstände des Unternehmens zu bezahlen. (Hinweis: bei der Suche nach aktuellen Werten hilft auch die Recherche bei Auktionshäusern, z.B. ebay, oder Verkaufsplattformen, z.b. Gebrauchtmaschinenmarkt, im Internet.)

Hier gilt in der Regel, dass ein möglicher Veräußerungserlös umso niedriger ausfällt, je kürzer der Zeitraum für die Liquidation ist. Von der Summe der Liquidationswerte aller Vermögensgegenstände werden dann das Fremdkapital zu Nominalwerten sowie mögliche Kosten, die mit der Zerschlagung eines Unternehmens entstehen, abgezogen. Dies ergibt dann den Liquidationswert.

Der Liquidationswert stellt in den allermeisten Fällen die absolute Wertuntergrenze eines Unternehmens dar. (Quelle: »Unternehmensbewertung – Methode, Rechenbeispiele, Vor- und Nachteile«, cometis AG, 2005)

Vorteile	Nachteile
• absolute Wertuntergrenze • einfache Berechnung • Besicherungswert für Banken	• keine Berücksichtigung der zukünftigen Erfolgspotenziale • starke Abhängigkeit des Wertes von der Zeitdauer der Liquidation

5.3 Ertragswertmethode

Der Ertragswert berücksichtigt im Gegensatz zum Substanzwert das zukünftige Wachstum eines Unternehmens. Hierbei lehnt sich das Verfahren an die Investitionsrechnung an, indem zukünftige, nachhaltige Gewinne (Erträge) zunächst für einen bestimmten Zeitraum (meist fünf Jahre) geschätzt werden. Diese Erträge werden mit einem Zinssatz abdiskontiert und kapitalisiert. Hinzugerechnet wird eine ewige Rente, die einer konstanten Ausschüttung an die Inhaber des Unternehmens gleichkommt. Hierfür wird in der Regel der Gewinn des letzten Jahres der Planungsperiode herangezogen. Die Planungsperiode ergibt sich aus dem Businessplan eines Unternehmens. In der Praxis haben sich unterschiedliche Definitionen des Ertragsbegriffs herausgebildet. So kann es sich um den klassischen Jahresüberschuss handeln, der sich aus der Rechnungslegung ergibt. Andererseits kann der Ertrag aber auch investionstheoretischen Charakter haben (EBITDA).

EBITDA ist die Abkürzung für englisch: *earnings before interest, taxes, depreciation and amortization*. Das bedeutet »Ertrag vor Zinsen, Steuern, Abschreibungen auf Sachanlagen und auf immaterielle Vermögensgegenstände«. In der praktischen Anwendung hat es jedoch die Bedeutung von »Ertrag vor Finanzergebnis, außerordentlichem Ergebnis, Steuern und Abschreibungen«. Es werden also außerordentliche (einmalige) Kosten und Aufwendungen ebenso ignoriert wie Zinsen, sonstige Finanzierungsaufwendungen, Steuern und Abschreibungen.

Das EBITDA wird wie folgt berechnet:

Jahresüberschuss
+ Steueraufwand
− Steuererträge
+ Zinsaufwand
− Zinserträge
+/− Beteiligungsergebnis
+ außerordentlicher Aufwand
− außerordentliche Erträge

= EBIT
+ Abschreibungen auf das Anlagevermögen
− Zuschreibungen zum Anlagevermögen

= EBITDA

Das Ertragswertverfahren ist zusammen mit dem Discounted Cash-Flow-Verfahren die am weitesten verbreitete Unternehmensbewertungsmethode in Deutschland, Österreich und der Schweiz. (Quelle: »Unternehmensbewertung − Methode, Rechenbeispiele, Vor- und Nachteile«, cometis AG, 2005)

Vorteile	Nachteile
• zukünftige Unternehmensentwicklung wird berücksichtigt • Anlehnung an die Investitions-Rechnung (Investorensicht)	• nicht eindeutiger Diskonitierungszinssatz führt zu starken Schwankungen des Wertes • Gewinn ist »manipulierbar« • EBITDA ≠ Ausschüttung an die Inhaber • Restwert (ewige Rente) hat zu großen Einfluss auf den Unternehmenswert

5.4   Stuttgarter Verfahren

Das Stuttgarter Verfahren ist ein Mittelwertverfahren (man kombiniert das Substanzwertverfahren und das Ertragswertverfahren miteinander) und wird speziell von der deutschen Finanzverwaltung zum Zweck der Bewertung nicht-börsennotierter Unternehmensanteile im Zuge der Erbschafts- und Schenkungssteuer angewendet. Die Methodik des Stuttgarter Verfahrens regelt das Erbschaftssteuerrecht. Hierbei wird zum Vermögenswert der fünffache Ertragshundertsatz hinzuaddiert. Der Ertragshundertsatz errechnet sich aus den nachhaltig zu erzielenden Gewinnen, abgeleitet aus den letzten drei Jahren der Vergangenheit. Dabei wird in der Regel der Gewinn aus dem Jahr t-3 einfach gewichtet, der Gewinn t-2 doppelt und der Gewinn t-1 dreifach gewichtet und dann wie der Vermögenswert auch ins Verhältnis zum Nennkapital gesetzt. Die Summe aus Vermögenswert und dem fünffachen Ertragshundertsatz wird dann mit einem Faktor (sog. Hundertsatz), der den Zinssatz berücksichtigt, mulitpliziert. Dieser Wert stellt schließlich den Unternehmenswert dar und ist Grundlage für die Besteuerung. (Quelle:»Unternehmensbewertung – Methode, Rechenbeispiele, Vor- und Nachteile«, cometis AG, 2005)

Vorteile	Nachteile
• Berücksichtigung von Substanzwert und Ertragswerten • gesetzlich definiertes Verfahren	• pauschaliertes Modell (keine Berücksichtigung der Branche) • Substanzstarke Unternehmen (z.B. Immobilienbeteiligungen) werden benachteiligt • zukünftige Unternehmensentwicklung wird nicht berücksichtigt

5.5 Wiener Verfahren (Ermittlung des »gemeinen Werts«)

Das Wiener Verfahren ist wie das Stuttgarter Verfahren ein Mittelwertverfahren. Es ist aber stärker substanz- als ertragswertorientiert. Im Wiener Verfahren von 1996 ist die gesamte Methode klar definiert und der Kapitalisierungszinsfuß mit neun Prozent fix pauschaliert. Das »Wiener Verfahren 1996« wird meistens als Richtlinie zur Schätzung eines Unternehmens herangezogen, beziehungsweise gilt zum Zweck der Bewertung bei Erbschafts- und Schenkungssteuer-Berechnungen. Für das Schätzungsverfahren sind maßgeblich:

- Vermögenswert (V)
- Ertragswert (E)
- Nennkapital (N)

Der Vermögenswert wird, wie bereits oben beschrieben, als Substanzwert ermittelt. Beim Ertragswert wird der Durchschnitt der Betriebsergebnisse der letzten drei maßgeblichen Jahre gebildet. Dieser Durchschnittsertrag ist als Rente mit einer Kapitalisierung von neun Prozent p.a. zu berechnen. D.h. ein Duchschnittsertrag von 45.000,– € ergibt einen Ertragswert von 45.000 / 0,09 = 500.000,– €.

Danach wird der gemeine Wert als Mittelwert von Vermögens- und Ertragwert errechnet.

$$\text{Gemeiner Wert (G)} = \frac{\text{Vermögenswert (V)} + \text{Ertragswert (E)}}{2}$$

(Quelle: »Wiener Verfahren 1996«, WKO, 2006)

Vorteile	Nachteile
• Berücksichtigung des Substanzwerts • gesetzlich anerkanntes Verfahren	• absolut pauschaliertes Modell (keine Berücksichtigung der Branche) • zukünftige Unternehmensentwicklung wird nicht berücksichtigt.

5.6   Discountierte Cash-Flow-Verfahren

Die in der Praxis am weitesten verbreitete Methode für die Unternehmensbewertung ist das Discounted Cash-Flow-Verfahren (DCF). Hier werden nicht die von der Rechnungslegung beeinflussten buchhalterischen Jahresüberschüsse als entscheidende Größe unterstellt, sondern die tatsächlichen Zahlungsüberschüsse (Cash Flows). Diese Cash Flows, die sich letzlich in einer Veränderung des Zahlungsmittelbestandes ausdrücken, dienen dem Unternehmen unter anderem dazu, Investitionen vorzunehmen, Verbindlichkeiten zu tilgen oder Dividenden an die Gesellschafter auszuschütten. Bei der DCF-Methode existieren drei nach Brutto- und Nettoverfahren differenzierbare Methoden, deren Hauptunterschied in den zur Berechnung herangezogenen Cash Flows und Kapitalisierungszinsen besteht.

Man unterscheidet demnach das Entity-Verfahren, das Equity-Verfahren und das Adjusted Present Value-Verfahren.

Beim Entity-Verfahren wird das Unternehmen zunächst aus Sicht aller Kapitalgeber bewertet. Das bedeutet, dass die den Kapitalgebern zur Verfügung stehenden zukünftigen Free Cash Flows (nach Steuern; einschließlich eines Restwerts) auf den Bewertungszeitpunkt abgezinst werden.

Abzinsung: Summe über die Zeitdauer von fünf Jahren,
Gewinn/Jahr: 100.000,– € abgezinst mit 6 %:
Ergebnis: ~~5 x 100.000 € ergibt 500.000 €~~ **falsch**

1. Jahr	2. Jahr	3. Jahr	4. Jahr	5. Jahr	Summe
100.000	94.000	88.360	83.058	78.075	443.493

Um den Marktwert des Eigenkapitals zu ermitteln, wird der Marktwert des Fremdkapitals abgezogen.

Beim Equity-Verfahren werden nur die Einzahlungsüberschüsse, die den Eigenkapitalgebern zustehen, für die Bewertung berücksichtigt. Somit ermittelt sich der Wert des Eigenkapitals direkt ohne Abzug des Fremdkapitals. Der zur Diskontierung verwendete Cash Flow ermittelt sich aus dem so genannten Flow of Equity-Verfahren und wird ausgehend vom Free Cash Flow um die Fremdkapitalzinsen korrigiert.

Mit dem dritten DCF-Verfahren, dem Adjusted Present Value-Verfahren (APV), wird der Unternehmenswert in einzelnen Komponenten berechnet. Zuerst wird unter Annahme einer ausschließlichen Eigenfinanzierung der Unternehmenswert ermittelt. Dieser Wert stellt das operative Ergebnis der Unternehmenstätigkeit dar und ist losgelöst von den Einflüssen der Finanzstruktur. In einem nächsten Schritt werden die vorher außer Acht gelassenen Wertbeiträge der Finanzierungsseite erfasst. Dabei sind auch die Steuereffekte zu berücksichtigen. Durch das APV, welches anfänglich etwas umständlich klingt, wird der komplizierte Prozess der Unternehmensbewertung in einzelne Komponenten zerlegt und es entsteht eine größere Transparenz. (Quelle: »Unternehmensbewertung – Methode, Rechenbeispiele, Vor- und Nachteile«, cometis AG, 2005)

Vorteile	Nachteile
• Berücksichtigung der zukünftigen Unternehmensentwicklung einschl. der zukünftigen Investitionen • geringe Auswirkungen bei unterschiedlichen nationalen Rechnungslegungen • international anerkannte Methode	• sehr komplexes Modell: nur mit Unterstützung von externen Beratern (Steuerberater, Unternehmensberater, etc.) durchführen • Restwert hat sehr großen Einfluss auf den Gesamtwert

5.7 Multiplikatorenmethode

Das Grundprinzip des Multiplikatorenverfahrens ist es, die Bewertung eines vergleichbaren Unternehmens bzw. einer Branche in Relation zu entscheidenden Kennziffern, wie z.b. Umsatz, Gewinn oder EBIT zu setzen. EBIT ist die Abkürzung für englisch: *earnings before interest and taxes*. Das bedeutet »Ertrag vor Zinsen und Steuern«:

Umsatzerlös
- Materialaufwand
- Personalaufwand
- sonst. betr. Aufwendungen
+ sonst. betr. Erträge
- Abschreibungen auf das Anlagevermögen
+ Zuschreibungen zum Anlagevermögen

= EBIT

Gleiche Relationen sind danach auch für das zu bewertende Unternehmen anzusetzen, um somit auf eine faire Unternehmensbewertung schließen zu können. Gegebenfalls werden aufgrund der Marktposition, der Managementqualität oder den zukünftigen Wachtumsperspektiven noch Zu- oder Abschläge vorgenommen, um das Unternehmen innerhalb der Branche entsprechend einordnen zu können. Der Vorteil dieser Verfahren ist es, innerhalb kürzester Zeit einen groben Anhaltspunkt für eine Bewertung zu ermitteln, ohne aufwändige Schätzungen/Annahmen/Berechnungen anzustellen. Auch sind Branchenmultiplikatoren vielfach öffentlich zugänglich, was die Bewertung weiter vereinfacht. (z.B.: www.finance-magazin.de)
Multiplikatoren haben sich gerade in der Vergangenheit für junge Unternehmen als einzige Bewertungsmöglichkeit herausgestellt, da aufgrund anfänglicher negativer Cash Flows, hoher immaterieller Vermögensgegenstände sowie der Zugehörigkeit zu noch sehr jungen Branchen andere Methoden, wie z.b. das Discounted Cash-Flow-Verfahren, an ihre Grenzen gestoßen sind. Das Grundproblem

des Multiplikatorenverfahrens ist es jedoch, dass Größen wie Unternehmensgewinne häufig bilanzpolitisch manipuliert sind und Multplikatoren nicht die zukünftige, individuelle Entwicklung eines jeden Unternehmens berücksichtigen. Daraus resultieren häufig Fehleinschätzungen. (Quelle: »Unternehmensbewertung – Methode, Rechenbeispiele, Vor- und Nachteile«, cometis AG, 2005)

Vorteile	Nachteile
• zeit- und kostengünstiges Verfahren • Multiplikatoren öffentlich zugänglich • dient als ergänzender Unternehmenswert	• Multiplikatoren sind statisch • keine Berücksichtigung der zukünftigen Unternehmensentwicklung • Kapitalkosten und notwendige Investitionen bleiben unberücksichtigt

Beispiel:
Jahresumsatz 5 Mio. €, EBIT: 300.000,– €;
Umsatzmultiplikator x 0,4; EBIT-Multiplikator x 5;
Gewichtung des Unternehmenswertes 30 % Umsatz, 70 % EBIT

Ergebnis:
Unternehmenswert = (5.000.000 x 0,4) x 0,3 + (300.000 x 5) x 0,7 = 1,65 Mio. €

Gute Bilanzen

sind in Wirklichkeit

noch besser;

schlechte Bilanzen

sind in Wirklichkeit

noch schlechter!

6.   Verkaufspreisfindung

6.1   Wirtschaftlicher Unternehmenswert als Grundlage für den Verkaufspreis

Der wichtigste Faktor zur Bestimmung des Verkaufspreises sind die so genannten harten Fakten. Einen Firmenkauf aus Sicht des Käufers kann man auch als eine Investition betrachten, die sich innerhalb einiger Jahre wieder rechnen muss. Nachdem der neue Eigentümer auch noch das gesamte zukünftige unternehmerische Risiko trägt, ist aus betriebswirtschaftlicher Sicht ein Amortisationszeitraum (ohne Berücksichtigung möglicher Synergieeffekte) von fünf bis sieben Jahren üblich. Das heißt, der neue Eigentümer muss bei normalem Geschäftsverlauf den Kaufpreis innerhalb dieser Zeit zurückverdient haben. Nicht berücksichtigt werden in dieser Überlegung werthaltige Firmengegenstände wie Immobilien (Grundstücke, Gebäude) oder Wertpapiere, die im Falle einer Liquidation immer einen Verkehrswert besitzen.

Zwei Fragen sollten Sie sich hier immer wieder stellen:

• Welche Erfolgspotenziale besitzt das Unternehmen derzeit und zukünftig?
• Wie realistisch sind die Planzahlen des Unternehmens für die nächsten drei bis fünf Jahre?

»Die unbeschreiblichsten Treffen waren die mit dem Vorarlberger Herrn E. Das war so unglaublich. Ich habe gewusst, dass es seinem Unternehmen schlecht geht und er setzt sich her und erzählt mir, wie gut alles läuft und wie perfekt alles ist. Und wie viel das Unternehmen eigentlich wert ist. Da ist es um ein Unternehmen gegangen, das ca. 2,5 Millionen Euro Umsatz macht, also nicht riesengroß, aber doch auch nicht klein ist. Er wollte einen Kaufpreis von 1,5 Millionen Euro für das Unternehmen. Ich habe aber gewusst, dass es bei ihm ›kurz vor zwölf‹ ist. Wenn er noch zwei Monate länger braucht, dann ist es Minus wert. Und er erzählt mir Geschichten, wie super doch alles ist. Ich hab ihm das alles aber nicht geglaubt, dann habe ich auch die Verhandlungen abgebrochen.« (Interview DI Friedrich Niederndorfer, Abatec Elektronic AG, 07/2009)

6.2 Emotionaler Unternehmenswert als Grundlage für den Verkaufspreis

Neben der oben beschriebenen Kaufpreisfindung kommt aber noch eine sehr starke emotionale Ebene dazu. Speziell wenn ein Unternehmensgründer sein »Baby« nach 25 Jahren (oder noch länger) übergeben oder verkaufen soll, so hängt daran ein emotionaler Wert, von dem man als Verkäufer erwartet, dass er in Geld abgegolten wird. Doch hier muss ich Sie warnen. Schrauben Sie Ihre Erwartungen nicht zu hoch. Immaterielle Werte wie Marken, Patente, langjähriges Bestehen, Tradition, usw. sind nur wenig wert, wenn man damit nicht die notwendigen Überschüsse erwirtschaften kann.

»Ich habe viele Firmen gekauft und verkauft und ich muss sagen, je mehr man selbst daran aufgebaut hat und je mehr man selbst mitgearbeitet hat, desto mehr verkauft man sein Herzblut mit. Wenn man nur (finanziell) beteiligt war, geht es leichter.« (Interview Dkfm. Martin Zumtobel MBA, F.M. Zumtobel Holding & Consulting GmbH, 08/2009)

»Als er (der Berater) dann hier war und das Gutachten sah, meinte er, dass die ausgewiesene Summe vielleicht den (objektiven) Wert darstelle, auf dem freien Markt sei der Preis aber nicht erzielbar. Da ist mir natürlich erstmal der ›lada abeghängt‹ (d.h. ich war sehr enttäuscht), denn ich hatte Daumen mal Pi mit der

Summe gerechnet. Ich wusste, was noch offen war und was ich investiert hatte. Auf dem Markt ist das tatsächlich aber nicht erzielbar.« (Interview Roland Lang, Offsetdruck Bezau GmbH, 06/2009)

»Es ist schwierig, der eine hat eine Vorstellung im Kopf, der andere auch. Der eine sieht es so, der andere so. Es ist immer die Seite des Blickwinkels. Für mich wäre das Unternehmen ein wenig mehr wert gewesen. Im Nachhinein bin ich froh, dass es weg ist. In der heutigen Situation, die ja keiner ahnen konnte, sowieso. Heute wär´s unverkäuflich. Es war sicher drei Minuten vor zwölf.« (Interview Hartmut Lohs, Druckerei Lohs GmbH, 06/2009)

»Es hat ein Gutachten von der Käufer- und eines von der Verkäuferseite gegeben. Das waren dann auch zwei Paar Schuhe. Der Verkäufer hatte ein Gutachten, in dem war die Firma so- und soviel Wert. Und ich habe gesagt, das Gutachten kann man vergessen, das ist an den Haaren herbeigezogen.« (Interview Bernhard Gössler, Druckhaus Gössler, 06/2009)

6.3 Strategischer Unternehmenswert als Grundlage für den Verkaufspreis

Grundsätzlich versteht man unter dem strategischen Ansatz eine langfristige Perspektive. Manchmal habe ich aber das Gefühl, dass dieser Begriff oft missbraucht wird. Wenn man in den Wirtschaftsmeldungen von »strategischen Entscheidungen« spricht, heißt das meist, dass sich diese Investitionen nicht gerechnet haben. Aussage: »Wir haben aus strategischen Gründen ein Vertriebsbüro in Moskau errichtet.« Das heißt im Klartext: »Unser Büro in Moskau verursacht nur Kosten. Mehrumsätze sind leider nicht eingetreten.« Natürlich gibt es im Fall von Firmenverkäufen auch strategische Gründe. Dies ist vor allem dann der Fall, wenn Sie mehrere Firmen haben und Sie sich von einer trennen wollen, oder wenn Sie einen Geschäftsbereich, eine Abteilung verkaufen wollen.

Auf der Seite des Käufers können strategische Ansätze z.B. die Nutzung von Synergieeffekten (günstigere Einkaufspreise, Zugang zu wichtigen Kunden, Übernahme von wichtigen Mitarbeitern, etc.) oder die Beseitigung eines Mitbewerbers sein. Strategie hin oder her. Unter Berücksichtigung aller Einflussfaktoren sollte sich ein Firmenkauf für den neuen Eigentümer rechnen. Sonst ist mittelfristig eine Liquidation oder gar eine Insolvenz zu befürchten.

»Ich weiß nicht, kennen Sie die Schmalenbachsche Finanztheorie? Die ist uralt. Die hat mir mein Vater immer erzählt. Sie sagt, der Gewinn eines Unternehmens ist nicht der Gewinn in der jährlichen Bilanz. Weil das ist nur ein Blitzlicht, nur eine kurz herausgeschnittene Zeit. Der Gewinn ist das, was man vom Beginn bis zum Ende einer Unternehmung erzielt. Und es ist sehr wichtig zu erkennen, dass nicht der jährliche Gewinn entscheidend ist, sondern der Wertzuwachs im Unternehmen. Man muss versuchen, langfristige Werte zu schaffen, nicht kurzfristige Gewinne zu machen.« (Interview Dkfm. Martin Zumtobel MBA, F.M. Zumtobel Holding & Consulting GmbH, 08/2009)

7. Faktor »Mensch«

Wenn ich Firmenchefs befrage, was für sie und für ihre Firma die wichtigsten Erfolgsfaktoren sind, so erhalte ich sehr oft als Antwort: »Die Mitarbeiter«. Wenn man aber das Führungsverhalten in diesen Firmen genauer untersucht, stellt man doch fest, dass Maschinen oder andere Dinge einen viel höheren Stellenwert im Betrieb haben. Beim Kauf von größeren Maschinen werden viele Angebote eingeholt. Man macht aufwändige Investitionsrechnungen, führt Gespräche mit den Banken und macht manchmal sogar ein Eröffungsfest oder einen Tag der offenen Tür zur Feier der neuen Anlage. Wie ist das bei der Suche nach einem neuen Mitarbeiter? Wird da auch so viel Aufwand betrieben?

Wenn ein Arbeiter eine Maschine aufgrund falscher Bedienung oder mangelhafter Wartung kaputt macht, kann das zu einer Abmahnung führen. Wenn der gleiche Mitarbeiter einige Zeit später wieder eine Maschine zerstört, führt das vielleicht gar zur Kündigung. Wie ist das mit den Mitarbeitern selbst? Wenn der Betriebsleiter oder der Abteilungsleiter aufgrund mangelhafter Mitarbeiterführung einen Arbeiter »kaputt« macht und dieser die Firma verlässt, was passiert dann? Meistens NICHTS!

»Gut, dass er gegangen ist« oder »er hat sowieso nicht zu uns gepasst« oder »jeder ist ersetzbar« sind dann die ebenso leichtfertigen wie falschen Aussagen – oder sollte man besser Ausreden sagen? Zur Erinnerung: Wie war das mit dem wertvollsten Gut – dem Mitarbeiter? Wenn man sich schon Leitsätze vornimmt, dann sollte man auch danach handeln.

Bei einer Betriebsübergabe ist die Situation mit dem Faktor »Mensch« ähnlich. Bei sämtlichen herkömmlichen Unternehmensbewertungen (mehr dazu in Kapitel 5 »Was ist meine Firma wert?«) wird das Personal als »intellektuelles und emotionales Kapital« NICHT berücksichtigt.

»Bei uns

ist der Mitarbeiter

das wichtigste Gut.«

Sehen Sie sich doch Ihre eigene Firmenbilanz an! Was finden Sie im Bereich der Aktiva? Jede Maschine, jeder Schreibtisch, jeder PC ist in den Sachanlagen erfasst. Sollten Sie Patente besitzen, finden Sie diese bei den immateriellen Wertgegenständen. Doch wo ist der Mitarbeiter mit seinem Wissen, seinem Knowhow und seiner Erfahrung? Wo steckt die langjährige Ausbildung? Woran erkenne ich die kontinuierliche Weiterbildung und Verbesserung in Ihrem Betrieb? Wie wirkt sich eine geringe Personalfluktuation aus und wo ist diese in der Bilanz dokumentiert? Die Antwort lautet: Nirgends!

Den Faktor »Mensch« finden Sie lediglich im Bereich der Passiva. Als Rückstellungsposten für nicht konsumierte Überstunden oder Urlaubstage oder als Rückstellung für Personalabfertigungen (speziell in Österreich »Abfertigung alt«). D.h. der Mitarbeiter ist bilanztechnisch etwas Negatives. Er belastet das Unternehmen. Diese einseitig wirtschaftliche Betrachtungsweise ist doch irgendwie eigenartig?

Wir erinnern uns: »Der Mitarbeiter ist unser wertvollstes Gut!«

»Die Schlechten sind gegangen, da sie gemerkt haben, jetzt muss man wieder arbeiten. Die Guten sind heute noch da. Die waren auch froh, dass ein neuer Chef gekommen ist. Denn man will ja produzieren, man will ja erfolgreich sein und man will ja nicht Däumchen drehen.« (Interview Bernhard Gössler, Druckhaus Gössler, 06/2009)

Sie sehen sich wirklich anders

als Ihre Mitarbeiter,

Ihre Frau, Ihre Kinder,

Ihre Freunde, usw.

Sie sehen.

8.   Management, Geschäftsleitung

»Was mir immer gefehlt hat, war ein Partner auf meiner Seite, der mich, wenn ich ein Tief gehabt habe oder müde war, unterstützt hätte.« (Interview Roland Lang, Offsetdruck Bezau GmbH, 06/2009)

Viele Unternehmer sind »Alpha-Menschen«. Sie haben eine starke Persönlichkeit, sie haben Visionen und sind überzeugt von dem was sie tun. Zudem haben sie ein starkes Selbstbewußtsein.

Bei meiner Tätigkeit als Berater stelle ich jedoch oft fest, dass der Chef sich selbst und seine Rolle in der Firma ganz anders sieht als der Rest der Belegschaft.

Das hat mehrere Gründe. Bereits mehrmals wurde wissenschaftlich untersucht, wie sich im höheren Alter das Fremdbild vom Selbstbild immer weiter entfernt. Man spricht in der Psychologie vom »Johari-Fenster«. Das Johari-Fenster ist ein Bild bewusster und unbewusster Persönlichkeits- und Verhaltensmerkmale zwischen einem selbst und anderen bzw. einer Gruppe. Entwickelt wurde es 1955 von den amerikanischen Sozialpsychologen Joseph Luft und Harry Ingham. Die Vornamen der beiden wurden für die Namensgebung herangezogen. Mit Hilfe des Johari-Fensters wird vor allem der so genannte »Blinde Fleck« in der Selbst- und Fremdwahrnehmung eines Menschen illustriert. (Quelle: Wikipedia, 8/2009)

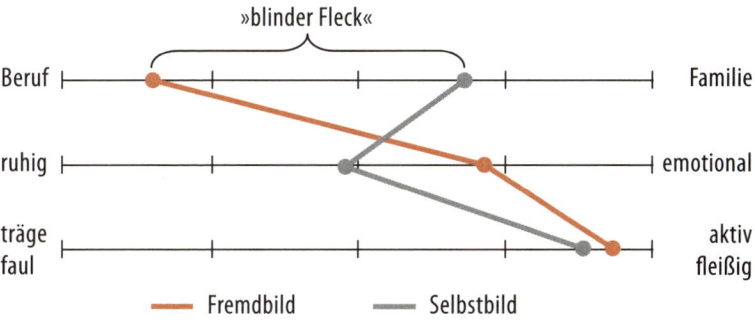

Das klingt für Sie vielleicht merkwürdig, aber es ist so! Wenn Sie ernsthaft daran interessiert sind zu wissen, wie andere Sie sehen (und Sie sollten es schon um Ihrer selbst willen sein!), so gibt es einfache Fragebögen, die Sie anonym ausfüllen lassen können. Dabei geht es aber nicht um eine Wertung zwischen gut und schlecht, sondern um Ihre Persönlichkeitsmerkmale; genauer darum, wie Sie auf andere wirken: z.b.: sehr ruhig, ruhig, etwas emotional, sehr emotional, impulsiv.

Aber bitte bedenken Sie, dass die Mitarbeiter in einem »Abhängigkeitsverhältnis« zu Ihnen stehen. D.h auch wenn Sie diese Befragung anonym durchführen, wird eine gewisse Hemmung vorhanden sein.

Der zweite Grund, der zu einer Verschiebung der Wahrnehmung des Firmenchefs führt, ist das gerade angesprochene Abhängigkeitsverhältnis. Wer grüßt schon den Chef am Morgen unfreundlich? Wer sagt zum Chef offen, was er sich denkt? Auf meine Frage nach dem Betriebsklima bekomme ich von Firmenchefs IMMER (wirklich immer!) die Aussage: » Wir haben ein sehr gutes Betriebsklima.« Das ist tatsächlich merkwürdig. Wenn ich, als Berater, dann allein in der Kantine stehe und mich mit einzelnen Mitarbeitern unterhalte, ergibt sich teilweise ein gänzlich anderes Bild. Wie kann man das Betriebsklima neutral und objektiv messen? Antwort: Gar nicht! Es gibt ein paar Indikatoren. Z.B. Krankenstandstage (»In einer Firma, bei der das Betriebsklima nicht so toll ist, werde ich meine Erkältung lieber zuhause auskurieren, oder?«), Teilnahme an Firmenfeiern, Betriebsausflug oder Weihnachtsfeier. Bereits bei einer Teilnahmequote von weniger als 80 Prozent sollten Sie sich Gedanken machen!

Wieso erzähle ich Ihnen das eigentlich? Bei diesem Buch geht es um Betriebsübergabe oder Firmenverkauf. Man könnte meinen, es ist jetzt sowieso zu spät, um herauszufinden, ob Sie im Betrieb beliebt, geschätzt oder verhasst sind. Aber das stimmt nicht. Je genauer die Einschätzung des Personals durch das Management ist, desto besser kann der Faktor »Mensch« für eine erfolgreiche Transaktion berücksichtigt werden.

»Die Montafonerbahn hatte die Überlegung, den H. (meine rechte Hand im Betrieb) als Geschäftsführer einzustellen. Das habe ich ihm nicht zugetraut und das habe ich meinen Mitarbeitern und meinen Kunden nicht zugemutet. Wenn die das wirklich wollen, dann verkaufe ich ihnen meine Firma nicht. Ich kann das meinen Kunden und den Mitarbeitern nicht antun.

Ich habe das Thema mit meiner Beraterin besprochen. Sie hat mich gefragt, ob ich Familienaufstellungen kenne. Ja, das kenne ich. Dann fragte sie mich, ob ich Organisationsaufstellungen kenne. Was ist das? Da wird nicht die Familie, sondern die Firma aufgestellt. Für mich war in dem Moment jedes Mittel recht, um eine klare Entscheidung treffen zu können. Es wäre nämlich schade, wenn ich mich von der Montafonerbahn verabschieden müsste, wegen des Themas Geschäftsführer. Ich weiß es noch, als ob es gestern gewesen wäre.

Wir haben also aufgestellt, ich habe mir das ganze angeschaut und innerhalb von 20 Minuten ist es mir wie ein Stein vom Herzen gefallen. Ich habe gesehen, die Kunden sind zufrieden, die Mitarbeiter sind zufrieden, die Montafonerbahn ist zufrieden. Er kann das. Also machen wir das so. Das war ein tolles Erlebnis. Es war total klar und jetzt funktioniert das schon seit drei Jahren. Er macht es natürlich nicht so wie ich, er macht es auf seine Art. Das ist ganz klar.« (Interview Reinhard Decker, Elektro Decker GmbH, 05/2009)

9.   Mitarbeiter

Wenn wir von den Mitarbeitern sprechen, gibt es im Bereich der Betriebsnachfolge bzw. beim Firmenverkauf zwei Schwerpunktthemen – die Personalkennzahlen und das intellektuelle Kapital:

9.1   Personalkennzahlen

Darunter versteht man die reinen Fakten. Die Wichtigsten sind:

Eintrittsdatum: Damit ermitteln Sie die durchschnittliche Betriebszugehörigkeit. Bei einer Betriebszugehörigkeit von weniger als drei Jahren (außer natürlich in Jungunternehmen) dürften Sie ein Problem mit dem Betriebsklima haben. Bei Ihnen hält es niemand lange aus! Sollte aber diese Kennzahl mehr als zehn Jahre sein, ist das auch nicht ideal. Dann kochen alle im eigenen Saft – und das über Jahre.

Geburtsdatum: Ermittlung des Durchschnittalters in Ihrem Betrieb. Gut wäre es, wenn alle Altersklassen bei Ihnen vertreten sind, die jungen Wilden und die alten Erfahrenen.

Gehalt: Hier zeigt sich, ob Sie Ihre Mitarbeiter marktüblich entlohnen. Zu niedrige Gehälter sind zwar (kurzfristig) gut für das Betriebsergebnis, bergen aber auch das Risiko von zukünftigen Lohnforderungen in sich.

Fluktuation: Darunter ist der Personalwechsel der letzten drei bis fünf Jahre zu verstehen (ausgenommen Lehrlinge). Durch jeden Personalwechsel geht Knowhow verloren oder wandert gar zum Mitbewerber ab. (Siehe dazu auch das Kapitel 8: Personal – »Faktor Mensch«)

Krankenstandstage: Die Anzahl der Krankenstandstage kann ein Indiz für ein gutes oder schlechtes Betriebsklima sein.

Betriebsunfälle: Viele Betriebe dokumentieren Betriebsunfälle nicht explizit. Trotzdem ist es für den neuen Firmeneigentümer interessant, ob es in der Vergangenheit Unfälle gegeben hat und weshalb diese passiert sind.

9.2　Intellektuelles Kapital

Darunter versteht man das Wissen, das Knowhow und die Einstellung Ihrer Mitarbeiter. Interessanterweise wird dieses Kapital bei einer Firmentransaktion fast NIE untersucht. Doch wie ermittelt man dieses »intellektuelle Kapital« einfach und mit geringem Aufwand?

Eine Möglichkeit ist die subjektive Beurteilung Ihrer Mitarbeiter durch Sie selbst. Bitte machen Sie eine Tabelle von allen (oder zumindest von den wichtigsten) Mitarbeitern. Die Beurteilung der Mitarbeiter kann nach folgenden Bewertungskriterien erfolgen:

+ 2 Punkte = Eine Leistung (Ergebnis oder Verhalten), welches Ihre Bewunderung weckt und selten vorkommt (= deutlich über Ihren Erwartungen).

+ 1 Punkt = Eine Leistung (Ergebnis oder Verhalten), die über das hinausgeht, was Sie erwarten (= über Ihren Erwartungen).

0 Punkte = Eine Leistung (Ergebnis oder Verhalten), die Ihren Erwartungen entspricht.

−1 Punkt = Eine Leistung (Ergebnis oder Verhalten), die unter Ihren Erwartungen liegt .

−2 Punkte = Eine Leistung (Ergebnis oder Verhalten), die so tief unter Ihren Erwartungen liegt, dass Sie sie auf Dauer nicht akzeptieren können.

Die Einstufung kann rasch und spontan erfolgen. Danach bilden Sie als Ergebnis die Summe.

Beurteilungsliste:

Bitte versuchen Sie die gesamte Skalierung von +2 bis −2 zu verwenden.

	Mitarbeiter
Fachliche Qualität (Knowhow, Fachwissen)	
Quantität (Mehrzeiten, Überstunden, Engagement, Schnelligkeit bei der Erledigung der Arbeiten, persönlicher Einsatz, etc.)	
Selbstständigkeit (Sparsamkeit)	
Wirtschaftlichkeit	
Loyalität	
Soziale Kompetenz und Teamfähigkeit	
Identifikation mit dem Unternehmen	
Authentizität*	
Führungsverhalten (wenn relevant)	

* Eine als authentisch bezeichnete Person wirkt besonders echt, das heißt, sie vermittelt ein Abbild von sich, das beim Betrachter als real und ungekünstelt wahrgenommen wird. Sie agiert und reagiert

privat sowie geschäftlich nach ihren persönlichen Einstellungen und Werten.

Im zweiten Schritt ergänzen Sie zu dieser Liste das aktuelle Bruttogehalt des Mitarbeiters. Dann sortieren Sie die Summen aus Ihren Ergebnissen – der Beste zuerst. Es wäre ideal, wenn die Reihenfolge der Qualifikation auch mit der Reihenfolge der Gehaltshöhe übereinstimmt.

| Name des Mitarbeiters | Bewertungskriterien | | | | | | | | Durchschnitts wert | € Gehalt |
	Qualifikation	Engagement	Selbstständigkeit	Sparsamkeit	Loyalität	Authentizität	Teamfähigkeit	Führungsverhalten		
1	2	1	0	0	−1	0	−2	−1	−0,125	€ 2.500
2	1	0	1	1	0	1	2	0	0,75	€ 2.200
3	1	1	0	0	−1	0	1	2	0,5	€ 2.680
4	2	0	1	2	2	2	0	1	1,25	€ 3.500
5	1	0	1	−1	1	−2	1	0	0,125	€ 1.870
6	0	2	2	0	−1	0	1	−2	0,25	€ 1.870

Entsprechende Schlussfolgerungen können Sie leicht selbst ziehen. Im Zuge der Personaldiskussion bei einer Firmentransaktion ist eine solche Liste sehr hilfreich.

»Wir haben eine Liste der Mitarbeiter bekommen und die Qualifikationen abgefragt. Wer sind die und was können die? Interessiert waren wir vor allem an denen, die das System auch als leitende Angestellte betreut haben. Und wir waren wesentlich an einem sehr guten Maschinenführer interessiert. Es war für mich das Wichtigste, dass die im Boot sind. Denn wenn das Knowhow weggewesen wäre, bringen die Maschinen allein niemandem et-

was. So haben wir mit den wichtigen Leuten Gespräche geführt.«
(Interview Karl-Heinz Milz, VVA GmbH, 07/2009)

»Bei den Mitarbeitern ist eine gewisse Verunsicherung da, vor allem die einfacheren Mitarbeiter, die verstehen das nicht und sind verunsichert. Sehr viele Mitarbeiter hatten zum Beispiel noch die Abfertigung alt. Und da musste man denen erklären, dass eigentlich für sie alles dasselbe ist. Ihre Rechte und Pflichten bleiben erhalten, genauso Urlaubs- und Abfertigungsansprüche.« (Interview Jürgen Wiesenegger, Scheyer Verpackungstechnik GmbH, 08/2009)

10. Wie finde ich den passenden Käufer?

Bevor man aber auf die Suche nach dem richtigen Nachfolger geht, sollte man einige Grundsatzfragen klären. Wollen Sie 100 Prozent Ihrer Firmenanteile verkaufen, oder möchten Sie noch Firmenanteile behalten? Verkaufen Sie Mehrheits- oder Minderheitsanteile an der Firma? Bleiben Sie in der Firma selbst noch tätig, oder scheiden Sie aus dem Unternehmen aus? Je nach Antwort ist die Suche nach dem passenden Käufer unterschiedlich.

Bei den folgenden Überlegungen gehe ich vom Verkauf von 100 Prozent Ihrer Firmenanteile aus. Bei der Suche nach einem passenden Käufer bzw. Nachfolger gibt es grundsätzlich zwei Wege – den internen und den externen Weg.

Der interne Weg:
Sie suchen innerhalb der Familie. Dazu ist es NIE zu spät. Auch wenn Ihre Einsicht vielleicht spät kommt, dass eines Ihrer Kinder, ein Neffe oder ein anderer Verwandter der richtige Nachfolger für Ihren Betrieb ist. Eine innerfamiliäre Lösung sollte aber nicht mit aller Gewalt durchgesetzt werden. Manchmal trauen die alten Unternehmer es den Jungen einfach nicht zu, das Geschäft in ihrem Interesse weiterzuführen. Speziell wenn Sie der Meinung sind, dass Ihre Firma nur »so« und »ausschließlich so« geführt und geleitet werden darf, wie Sie es die letzen Jahrzehnte praktiziert haben. In diesem Fall ist es im Sinne der familiären Harmonie für alle in der Familie empfehlenswert, wenn Sie den Betrieb nicht an die eigenen Kinder übergeben. In dieser Situation werden Sie die Firma erst verkaufen oder übergeben, wenn Sie alt (siehe dazu Typ 4 » Der Alte«) oder krank (siehe dazu Typ 5 »Der Kranke«) sind. Zu diesem Zeitpunkt stehen dann vielleicht andere Familienmitglieder als die eigenen Kinder oder neue Kaufinteressenten zur Auswahl. In einem solchen Fall spricht man in der Wirtschaftswelt vom »Prinz-Charles-Effekt«, benannt nach dem britschen Thronfolger, der wohl nie die Krone erhalten wird.

»Wer könnte wirklich

nachhaltiges Interesse

an meiner

Firma haben?«

Ein weiterer interner Weg ist die Betriebsübergabe bzw. der Verkauf an einen langjährigen oder besonders qualifizierten Mitarbeiter. Dann spricht man vom Management buy out (MBO). Nachdem Sie diesen Mitarbeiter meist schon länger und besser kennen, können Sie am besten beurteilen, ob er der Richtige ist. Lediglich bei der Höhe des Kaufpreises und bei der Finanzierung müssen Sie meist Abstriche machen. Oder würden Sie sich nicht wundern, wenn Ihr Mitarbeiter plötzlich – bei seinem Gehalt! – einen größeren Geldbetrag zur Verfügung hätte?

Der externe Weg:
Bevor Sie sich ernsthaft auf die externe Suche nach einem Nachfolger bzw. Käufer für Ihre Firma machen, überlegen Sie sich für sich folgende Frage:»Wer könnte wirklich nachhaltiges Interesse an meiner Firma haben?«

Bitte nehmen Sie sich Zeit für diese Übung. Dieses Kapitel wird Ihnen wichtige Anregungen bei der Suche nch dem richtigen Kandidaten liefern. Sie können also Geschäftspartner, Freunde und Bekannte fragen. Oder Sie kontaktieren direkt Ihre Mitbewerber. Die haben in den meisten Fällen das größte Interesse. Doch spätetens hier würden wir Ihnen professionelle Hilfe von erfahrenen Verkaufsvermittlern (keine Rechtsanwälte oder Steuerberater!) empfehlen.

»Die Suche nach dem Käufer war sehr interessant. Der Berater hat gemeint, wir schreiben alle Elektrounternehmen in Vorarlberg an, die mehr als zehn Mitarbeiter haben. Da habe ich ›ja‹ gesagt. Allerdings dachte ich mir, es ist nicht sinnvoll, weil die Firma im Land niemand kaufen wird. Eher jemand aus Deutschland, der Schweiz oder aus Liechtenstein. Vielleicht noch Tirol, aber sicher niemand aus Vorarlberg. Ich habe dann den Berater gebeten, mir die Liste der eventuellen Käufer zur Durchsicht zu geben. Dann habe ich angefangen zu streichen und ihm die Liste zurückgegeben. Er meinte, die Montafonerbahn muss auf jeden Fall drauf bleiben. Für mich war die Montafonerbahn Schruns als potentieller Käufer fast unmöglich. Dahinter stehen ja das Land Vorarlberg und die Illwerke. Die kaufen mein Unternehmen sicher nicht. Er empfahl mir, das ihm zu überlassen. Er würde sich

das Ganze nochmals anschauen.« (Interview Reinhard Decker, Elektro Decker GmbH, 05/2009)
Anmerkung des Autors: Das Unternehmen wurde schlussendlich an die Montafonerbahn verkauft.

Konkret kann ich Ihnen bei der Suche nach externen Betriebsnachfolgern (Käufern) das »Zwiebelmodell« empfehlen. Das heißt, Sie arbeiten sich – wie bei den Zwiebelschichten – von innen nach außen, Schicht für Schicht.

Mitarbeiter: Die innerste »Schicht« bei der Suche nach einem externen Betriebsnachfolger ist, wie bereits oben beschrieben, der »treue, zuverlässige und qualifizierte Mitarbeiter«. Auch wenn diese Zielgruppe bereits bei »Der interne Weg« beschrieben wurde, so handelt es sich doch um »Externe«.

Manager: Die nächste Ebene sind externe Manager bzw. leitende Angestellte, die sich selbstständig machen wollen. Hier spricht man von einem Management buy in (MBI) im Gegensatz zum Management buy out (MBO), bei denen Mitarbeiter aus dem Betrieb die Nachfolger werden. Spätestens hier hilft Ihnen die Liste der Kandidaten »… hat Interesse an meiner Firma …«.
Bei der Auswahl können Sie geographisch oder fachlich vorgehen. Bei der geographischen Auswahl sucht man nach Kandidaten aus dem gleichen Ort oder aus der unmittelbaren Gegend. Speziell in ländlichen Regionen ist diese Suche nicht selten erfolgreich. Bei der fachlichen Auswahl können Sie zum Beispiel bei den Absolventen der Meisterschulen (Meisterbrief) – speziell bei Gewerbebetrieben, Absolventen von Fachhochschulen bzw. Universitäten oder anderen Ausbildungsstätten, aktiv suchen. Hier empfiehlt es sich, direkt mit der Direktion Kontakt aufzunehmen. Es ist ratsam, nicht die aktuellen Absolventen zu kontaktieren, sondern auf jene Kandidaten zuzugehen, deren erfolgreicher Abschluss einige Jahren zurückliegt. So wird auch eine gewisse Berufserfahrung mitgebracht.

Lieferanten: Eine Käuferschicht könnten weiters die Lieferanten sein. Doch Vorsicht – ein Verkaufsangebot Ihrer Firma könnte Ihre

Lieferanten verunsichern. Eine weitere Zusammenarbeit könnte im Falle des Desinteresses der Lieferanten etwas leiden.

Kunden: Ein weiterer Bereich bei der Suche könnten größere Kunden sein. Hier ist die Offenlegung von Zahlen und Fakten besonders delikat. Ihr Kunde sieht plötzlich, wieviel Sie mit ihm verdient haben. Meiner Meinung ist die Kontaktaufnahme mit Kunden ziemlich riskant. Wieso sollte der Kunden an Ihrer Firma Interesse haben? Besteht ein gegenseitiges Abhängigkeitsverhältnis mit Ihrem Kunden? Wie hoch ist der Geschäftsanteil mit diesem Kunden? Liegt der Anteil über 50 % Ihres Jahresumsatzes?

Marktbegleiter: Die nächste Schicht bei der externen Suche sind Unternehmen in bzw. aus Ihrer Branche. Das muss nicht unbedingt bedeuten, dass es Mitbewerber sind. Vielleicht bedienen Sie unterschiedliche Kunden und sind sich somit nie in die Quere gekommen. Auch hier gilt der Grundsatz: »Wieso sollte dieses Unternehmen an Ihrer Firma Interesse haben?« Wenn Sie auf diese Frage eine plausible Antwort haben, steht einer Kontaktaufnahme nichts mehr im Weg.

Mitbewerber: Die letzte Schicht bei Ihrer Suche stellen die unmittelbaren Mitbewerber dar. Diese haben IMMER Interesse. Und wenn es nur darum geht, Ihr Wissen abzusaugen, wird man wahrscheinlich jede Vertraulichkeitserklärung unterschreiben. Doch hier gilt größte Vorsicht. OHNE Unterstützung und Begleitung durch einen erfahrenen Berater sollten Sie sich NIEMALS auf diese Gespräche einlassen. Es muss Ihnen bewusst sein, dass im Falle eines Scheiterns Ihre Firma geschwächt werden könnte. Ich selbst habe leider in vielen Fällen erlebt, dass trotz aller Verschwiegenheitspflichten die eigenen Kunden – im Falle eines Abbruchs der Verkaufsverhandlungen – auffallend intensiv von der Gegenseite bearbeitet wurden.

Daher gibt es in diesem Fall eine goldene Regel. Folgende Informationen sollten bei Verhandlungen mit Mitbewerbern daher unbedingt erst ganz am Schluss (oder erst nach Vertragsunterzeichnung) bekannt gegeben werden:

- Name der wichtigsten Kunden
- Namen der wichtigsten Mitarbeiter
- Detailzeichnungen, Pläne bzw. chemische Formeln aus der Entwicklungsabteilung

Finanzinvestoren: Neben den strategischen Nachfolgern besteht auch noch die Möglichkeit des Verkaufs an Finanzinvestoren. Diese »private equity« Gesellschaften haben aber tendenziell Interesse an größeren Gesellschaften (> 30 Mio. € Jahresumsatz) und planen in den meisten Fällen ihrerseits einen Weiterverkauf (exit) nach drei bis fünf Jahren. Listen von diversen private equity-Gesellschaften finden Sie im Internet.

10.1 Die Kontaktaufnahme

Wenn Sie die Auswahl eines oder mehrerer potenzieller Betriebs-nachfolger bzw. Käufer getroffen haben, stellt sich natürlich sofort die Frage, von wem, wie und wann soll der Kontakt aufgenommen werden? Aufgrund einer alten Bauernregel hängt der Wert eines Verkaufsobjekts direkt mit dem Erstkontakt zusammen. So behaup-tet man, dass der traditionelle Kuhhandel in kleinen Dörfern noch immer nach dem Gottesdienst auf dem Kirchplatz stattfindet. Und hier kann man folgendes Schauspiel erleben:

Der Bauer, der als erster den Namen der Kuh in den Mund nimmt, die zum Kauf bzw. Verkauf steht, hat »verloren«. Bietet der Verkäufer seine Kuh an, so wird der Käufer fragen: »Ja, willst du denn deine Kuh verkaufen?« Und der Kaufpreis ist im Keller! Wenn hingegen der potenzielle Käufer sich nach der Kuh erkundigt, kann man mit einem verwunderten »Ja, willst du denn meine Prachtkuh kaufen?« rechnen und der Preis klettert nach oben. Beiden Seiten ist von Anfang an bewusst, weshalb sie sich am Kirchplatz treffen und trotzdem wird um den »Kuhhandel« ein Ritual zelebriert. Beim Ver-kauf von Unternehmen ist es nicht ganz so extrem. Trotzdem sollten Sie beim Erstkontakt sensibel vorgehen. Ansonsten könnte sich der potenzielle Käufer überlegen fühlen, was sich ev. negativ auf die wei-teren Verkaufsgespräche auswirkt.

»… was wichtig ist, ist ein Vermittler. Der Neutrale, der im Zuge einer Verhandlung etwas austariert zwischen einem Bedürfnis und dem anderen.

… wenn jemand kauft oder verkauft, dann muss man das mit Ge-fühl machen. Es ist nicht so, dass wir einen Schiedsrichter ge-braucht hätten. Ich war ja interessiert und Herr L. war verkaufs-willig. Es ist nur gefährlich, wenn man etwas will und das zeigt. Dann ist möglicherweise das Gegenüber auch in der Preisvorstel-lung entsprechend sturer. Aber es kann auch das Gegenteil der Fall sein. Wenn man als Käufer merkt, das Gegenüber hat nicht so viele Interessenten, wird man stärker.« (Interview Karl-Heinz Milz, VVA GmbH, 07/2009)

Die erste Frage, die Sie sich stellen sollten, lautet: WER macht den Erstkontakt. Hier empfehle ich zwei Möglichkeiten:

Persönlicher Direktkontakt: Wenn Sie den potenziellen Käufer persönlich gut kennen (egal ob aus der Familie, aus dem Betrieb oder als Mitbewerber), sollten Sie den Kontakt direkt herstellen. Die Betonung liegt aber hier eindeutig auf »gut kennen«. Ist dies nicht der Fall, empfehle ich die zweite Möglichkeit.

Externer, professioneller Berater: Der externe Berater sollte mit den Themen Betriebsnachfolge, Kauf und Verkauf von Unternehmen vertraut sein und zusätzlich ein verkäuferisches Gespür besitzen. Demnach könnte das Ihr Steuerberater, Ihr Rechtsberater, Ihr Bankberater oder ein Unternehmensberater sein. Voraussetzung dabei ist, dass diese Person die oben genannten Erfahrungen und Kenntnisse besitzt und vertraulich bei ihrer Arbeit vorgeht. Und vergessen Sie nicht: Es geht um einen Verkauf – dementsprechend sollte Ihr Berater – speziell am Anfang – als Verkäufer (und nicht als Keiler, Besserwisser oder Winkeladvokat) auftreten und handeln.

Vor weiteren Möglichkeiten der Kontaktaufnahme durch Freunde, Familienmitglieder, Kollegen, etc. möchte ich dringend abraten. Es ist viel zu riskant und würde den späteren Verkaufsprozess negativ beeinflussen. Es ist zu wenig, wenn irgendwer irgendjemanden kennt und irgendwann mit dieser Person über Ihre Firma spricht.

»Ich bin kein Fachmann in dem Bereich »Firmenkauf« und da sollte man mit Fachleuten zusammenarbeiten. Das anders zu machen ist nicht zu empfehlen. Auch die Vorbereitung des Materials, die Zusammenstellung der Unterlagen, usw., das gehört wirklich strukturiert und geplant.« (Interview Peter Bernatzik, BPC GmbH, 06/2009)

Die zweite Frage, die Sie sich stellen sollten, lautet: WIE soll die Kontaktaufnahme erfolgen. Auch hier empfehle ich zwei Möglichkeiten:

Persönlicher Kontakt: Dieser kann von Ihnen oder vom Berater mittels Telefonat oder persönlichem Besuch erfolgen. Speziell wenn im Vorfeld die Anzahl an potenziellen Käufern (oder innerfamiliären Betriebsnachfolgern) nicht so groß ist, würde ich Ihnen diesen Weg empfehlen. Der Aufwand scheint zwar im Moment hoch. Die Reaktion, das Feedback und die Informationen (auch bei einer ersten Absage), sind aber wichtig und aufschlussreich für die nächsten Kontakte.

Anschreiben: Wenn die Anzahl an potenziellen Käufern größer ist (mehr als zehn) und/oder Sie die Personen nicht sehr gut kennen, empfiehlt sich der Kontakt mittels Anschreiben. Ob Sie dabei die Briefform oder ein E-mail verwenden, ist Geschmackssache. Ich persönlich finde einen Brief hochwertiger.

Die dritte Frage, die Sie sich stellen sollten, lautet: WAS sagt man am Anfang?

Natürlich darf man nicht beim Erstkontakt das gesamte »Pulver« verschießen oder gar Firmengeheimnisse preisgeben. Wenn Sie einen Berater beauftragen, so ist es oft üblich, das zu verkaufende Unternehmen NICHT namentlich zu nennen. Aber einige Eckdaten sollten auf alle Fälle preisgeben werden. Und das auch OHNE vorhergehende Vertraulichkeitserklärung. Diese Eckdaten sollten sein:

- Branche
- Standort
- Gesellschaftsform
- Umsatz
- Gewinn vor Steuern (EBIT)
- Mitarbeiterzahl
- Tätigkeitsgebiet (Produkte, Dienstleistungen)
- Spezialwissen
- Kundenstruktur
- Verkaufsgrund

Auf alle Fälle sollte der potenzielle Käufer von Anfang an mögliche k.o.-Kriterien kennen. So sparen Sie sich und allen Beteiligten Zeit und Geld.

Die vierte und letzte Frage, die Sie sich stellen sollten, lautet: WANN?

Diese Frage ist einfach zu beantworten. Zuerst definieren Sie den Zeitpunkt X ihres operativen Firmenaustritts. Das heißt nicht, dass Sie ab diesem Zeitpunkt überhaupt nicht mehr in der Firma sind. Als Konsulent und Berater können Sie natürlich – bei Bedarf – weiter zur Verfügung stehen. Der Zeitpunkt des Austritts ist eher in der Übergabe der Verantwortung zu sehen. Von diesem Zeitpunkt X an können Sie dann den Start für die Verkaufs- bzw. Betriebsübergabe-Bemühungen selbst berechnen.

- Bei einer innerfamiliären Betriebsnachfolge: Zeitpunkt X minus zwei Jahre (max. fünf Jahre)
- Bei einem Firmenverkauf: Zeitpunkt X minus neun Monate

»Ich finde den Faktor Zeit sehr wichtig. Wenn ich zu lange zögere, kann ein Geschäft verlorengehen. Wenn ich als Verkäufer Zeitdruck mache, dann kommt es auch so heraus, dass ich unbedingt verkaufen muss. Dann ist der Käufer strikter in seinem Angebot. Beim Käufer ist es eine Gefühlssache, ob er noch ein wenig zuwartet oder nicht. Ich glaube, das muss man spüren.«
(Interview Karl-Heinz Milz, VVA GmbH, 07/2009)

10.2 Verschwiegenheit und Vertraulichkeit

Mit der Vertraulichkeit ist es so eine Sache. Es gibt wohl kein interessanteres Wirtschaftsthema als den Verkauf oder Kauf einer Firma. Das beginnt bei der Belegschaft über den Mitbewerb bis zur Bevölkerung. Je größer und bekannter das Unternehmen ist, desto spannender und interessanter ist es, darüber am Stammtisch oder wo auch immer zu berichten.

Die Einstufung nach Größe und Bekanntheit der betroffenen Firma kann natürlich schwanken. So ist es in der ländlichen Gegend schon äußerst brisant, wenn z.b. beim Dorfelektriker eine Veränderung ansteht. Und hier sind Sie und Ihre Berater besonders gefordert. Es muss Ihnen ein Spagat zwischen vorsichtiger Informationsweitergabe und seriösen Verkaufsgesprächen gelingen. Auf der einen Seite schadet zu viel Information Ihrem Geschäft. Die Konkurrenz erhält vielleicht sogar wichtige Kenntnisse. Ihre wertvollen Mitarbeiter sind plötzlich überall bekannt und könnten leicht abgeworben werden. Wenn Sie während der diversen Verkaufsverhandlungen zu großzügig mit der Weitergabe von Informationen waren, kann das auch zum Nachteil des neuen Firmeneigentümers werden. Die Konkurrenz geht aktiv und offensiv an Ihre Kunden heran, usw. Auf der anderen Seite soll jemand Ihre Firma kaufen und viel Geld dafür bezahlen. Es ist verständlich, dass niemand die Katze im Sack kaufen will.

Neben einer moralischen Verpflichtung unter Geschäftsleuten besteht hier zur eigenen Absicherung nur die Möglichkeit einer Vertraulichkeitserklärung. In dieser Erklärung versichern alle Verhandlungspartner, die Informationen und Kenntnisse aus den Verkaufsverhandlungen vertraulich zu behandeln und weder an Dritte weiterzugeben noch dieses Wissen in ihren eigenen Betrieben zu nutzen. Manchmal wird auch eine Konventionalstrafe bei Vergehen gegen diese Vertraulichkeitserklärung vereinbart. Beipiele von derartigen Vertraulichkeitserklärungen erhalten Sie von Ihrem Rechtsberater oder Sie finden sie in Fachbüchern oder im Internet.

Ein Beispiel für eine einfache Vertraulichkeitserklärung kann so aussehen:

MUSTER: Vertraulichkeitserklärung

VERTRAULICHKEITSERKLÄRUNG

zwischen

Firma _____ , Herr/Frau _____ , (kurz: Käufer)

und der

Firma _____ , Herr/Frau _____ , (kurz: Verkäufer/Berater)

Käufer *wurde vom* **Verkäufer/Berater** *kontaktiert, um die Möglichkeiten eines Firmenverkaufs zu evaluieren.* **Käufer** *und deren Auftraggeber sind grundsätzlich an einer Akquisitionsmöglichkeit und deshalb an Informationen und Verkaufsunterlagen interessiert.*

Für die Übergabe der Informationen und Verkaufsunterlagen sowie eventuelle Verkaufsverhandlungen wird eine Vertraulichkeitserklärung mit folgendem Inhalt abgeschlossen:

Käufer *und die im Verkaufsprojekt involvierten Mitarbeiter und weitere Beauftragte verpflichten sich:*

- *Keine Informationen und Unterlagen, die vom* **Verkäufer/Berater** *zur Verfügung gestellt werden, an Dritte in irgendeiner Form weiterzugeben.*

- *Die erhaltenen Informationen und Unterlagen ausschließlich zur Prüfung der zum Verkauf stehenden Firma unter dem Gesichtspunkt der möglichen Akquisition zu verwenden und nicht in die*

*Geschäftstätigkeit des **Käufers** oder der Auftraggeber einfließen zu lassen.*

- *Diese Geheimhaltungspflicht gilt nicht für Informationen, die öffentlich zugänglich sind oder auf legalem Weg von Dritten zugehen.*

*Beide Parteien sind jederzeit berechtigt, die Verhandlungen abzubrechen. Dies ist schriftlich kundzutun und hat zur Folge, dass alle erhaltenen Unterlagen innerhalb von 10 Tagen an den **Verkäufer/Berater** zurückzugeben sind.*

Gerichtsstand   *Datum*

Verkäufer/Berater   *Käufer*

Bitte achten Sie aber auch darauf, eine Form der Vertraulichkeitserklärung zu wählen, die für beide Seiten akzeptabel ist. Es nützt Ihnen nichts, wenn Sie mit Ihrem Vertrag hundertprozentig vor »Wissensklau« abgesichert sind, aber niemand Ihnen diesen Vertrag unterzeichnet. Weitere Verkaufsverhandlungen sind dann wohl hinfällig. Also lassen Sie hier lieber den gesunden Hausverstand walten und machen doch einfach den Umkehrschluss. Welche Art von Vertraulichkeitserklärung bzw. Geheimhaltungsvereinbarung möchten Sie unterschreiben, wenn Sie auf der Gegenseite sitzen würden?

Es gibt wohl kein

interessanteres Wirtschaftsthema

als den Verkauf

oder Kauf einer Firma.

11. Der optimale Fahrplan für die Transaktion

Jetzt müssen der Maßnahmenplan, ein Zeitplan für die Transaktion und mögliche Alternativen definiert werden.

Was verstehe ich unter Alternativen? Was ist, wenn bei einer Unternehmensbewertung herauskommt, dass Ihr gewünschter Kaufpreis niemals erzielt werden kann? Werden Sie trotzdem verkaufen? Wo liegt Ihre Schmerzgrenze? Wie lange stehen Sie dem neuen Eigentümer mit Ihrem Wissen persönlich zur Verfügung? Gibt es einen Interessenskonflikt zwischen Ihrer alten Firma und Ihrer zukünftigen Tätigkeit?

Diese Liste können Sie selbst beliebig verlängern. Das Gute an dieser Überlegung ist aber, dass Sie im Vorfeld die möglichen Szenarien durchdenken.

Manchmal sagen meine Klienten, dass ich mir zu viele »negative« Gedanken mache. Man kann sich aber viel Zeit und Geld sparen, wenn man im Vorfeld mögliche k.o.-Kritierien festgestellt hat. Ich selbst musste einmal zu einer Firma nach Ungarn fliegen. Der Kaufinteressent wollte Sich an einer Firma in Vorarlberg beteiligen. Nach umfangreichen Präsentationen und langen Besprechungen folgte nach zwei Wochen die Absage mit der Begründung der zu großen Entfernung. Das zu kaufende Unternehmen sei fast 1.000 Kilometer entfernt und man würde darin erhebliche Nachteile sehen. Hätte der Investor vorher drei Minuten lang einen Atlas in die Hand genommen, hätte er sich (und auch uns) viel Zeit und Geld erspart!

Egal ob Sie den Verkauf oder die Betriebsübergabe Ihres Unternehmen allein oder mit der Unterstützung eines Beraters durchführen, nachstehend finden Sie einen Fahrplan für die Transaktion.

- Festlegung der persönlichen Perspektiven nach dem Verkauf
- Ausarbeitung einer umfangreichen Unternehmensanalyse (SWOT, Markt, Mitbewerber, Organisation, Mitarbeiter, Ab-

läufe, Kunden, etc.) (siehe dazu Kapitel 4 »Die eigene Firma richtig präsentieren«)
- Erstellung eines Verkaufmemorandums
- Durchführung einer Unternehmensbewertung mittels unterschiedlicher Rechenmodelle (equity approach, entity approach, APV, Ertragswertmodell, Multiplikatoren, etc.) (siehe dazu auch Kapitel 5 »Was ist meine Firma wert?«)
- Intensive Suche nach potenziellen Käufern (siehe dazu Kapitel 10 »Wie finde ich den passenden Käufer?«
- Erstkontakte mit potenziellen Käufern
- Persönliche Vorstellung und Präsentation des zu verkaufenden Unternehmens
- Besprechungen und Verhandlungen mit ausgesuchten Interessenten
- Lückenlose Dokumentation aller übergebenen Unterlagen, aller Besprechungen und diverser Vereinbarungen
- Auswahl des richtigen Nachfolgers/Käufers
- Realisierungsphase inkl. Vertragsgestaltung (inkl. Stichtagbestimmung, Gewährleistungen, Haftungen, Übergangsregelungen, etc.)
- Vertragsunterzeichnung
- Kommunikation (nach innen und außen)
- Abnabelungsprozess mittels Ritual
- Übergangsregelung und Wissenstransfer (ev. Konsulentenvertrag)

12. Due Diligence

Die Due Diligence, bekannt als »Sorgfaltspflicht«, bezeichnet die »gebotene Sorgfalt«, mit der beim Kauf von Unternehmen oder Unternehmensbeteiligungen im Vorfeld der Akquisition geprüft wird. Allgemein wird darunter die sorgfältige Analyse, Prüfung und Bewertung eines Objekts im Rahmen einer beabsichtigten geschäftlichen Transaktion (insbesondere jedoch im Zusammenhang mit Unternehmenskäufen) verstanden. Es handelt sich also um die Beschaffung und Aufarbeitung von Informationen im Sinne einer Kauf- oder Übernahmeprüfung. Ziel der Aktivitäten ist dabei das Aufdecken verborgener Chancen und Risiken beim Zielunternehmen zur Verbesserung der Qualität der Entscheidung und zur Erhöhung der Genauigkeit der Wertermittlung aufgrund des verbesserten Informationsstandes.

Gegenstand der Untersuchung sind hauptsächlich die Bilanzen, die personellen und sachlichen Ressourcen, die strategische Positionierung, die rechtlichen und finanziellen Risiken, die Umweltbelastungen. Gezielt wird nach so genannten Dealbreakern gesucht, d.h. nach Sachverhalten, die einem Kauf entgegenstehen könnten, z.b. Altlasten beim Grundstücks- oder ungeklärte Markenrechte beim Unternehmenskauf. Erkannte Risiken können entweder Auslöser für einen Abbruch der Verhandlungen oder Grundlage einer vertraglichen Berücksichtigung in Form von Preisabschlägen oder Garantien sein.

Grundlage für eine Due Diligence ist sinnvollerweise eine Absichtserklärung für den Firmenkauf (oder auch Letter of Intent (LOI) genannt). In dieser wird ein angemessener Zeitraum für die Prüfung vereinbart. Zusätzlich werden in der Absichtserklärung der Zugriff auf die benötigten Informationen und Daten sowie gegebenenfalls die Zahlung einer Gebühr bei Nichtkauf vereinbart (mehr dazu im Kapitel 15 Verträge). Zur Durchführung einer Due Diligence sind nicht nur erfahrene Anwälte und Wirtschaftsprüfer notwendig, sondern (je nach Umfang) auch Fachleute mit spezifischen Kenntnissen, z. B. mit Kenntnissen der Branche oder spezieller Themengebiete wie Informationstechnik.

12.1 Funktionen der Due Diligence

Informationsfunktion: Es geht hier um die Ermittlung von entscheidungsrelevanten Informationen und die Verringerung der bestehenden Informationsasymmetrie zwischen Erwerber und Verkäufer.

Analysefunktion: Im Rahmen der Analysefunktion werden die zur Verfügung gestellten Informationen im Hinblick auf die unterschiedlichen Informationsziele untersucht.

Bewertungsfunktion: Im Rahmen der Bewertungsfunktion werden die bewertungsrelevanten Informationen ermittelt. Die Bewertung der Informationen selbst findet jedoch nicht statt, da dies Gegenstand der Unternehmensbewertung ist.

Exkulpationsfunktion (= Schuldbefreiung): Entscheidungsträger, die über den Erwerb von Unternehmen entscheiden, sind ihrerseits zur Rechenschaft gegenüber ihren Stakeholdern verpflichtet. Um im Falle einer Fehlentscheidung entsprechende Rechenschaft ablegen zu können, kann ebenfalls die Due Diligence herangezogen werden. Diese dient als Basis zur Beurteilung des sorgfältigen Handelns des Entscheidungsträgers.

12.2 Praktische Durchführung der Due Diligence

Zur tatsächlichen Durchführung der Due Diligence wird von Ihnen (unter Beiziehung Ihrer Berater) ein »Datenraum« eingerichtet. In diesem Datenraum werden alle Unterlagen bereitgestellt, die Sie dem Käufer zur Verfügung stellen wollen.

12.3 Analyseschwerpunkte einer Due-Diligence-Prüfung

Will ein Unternehmen ein anderes Unternehmen oder einen Betriebsteil kaufen oder übernehmen, wird zuvor meist eine Bewertung des Unternehmens durchgeführt (Stärken / Schwächen / Chancen / Risiken = SWOT-Analyse). Hierbei sollte nicht die standardisierte Bearbeitung von Checklisten im Vordergrund stehen, sondern ausgehend von den Akquisitionszielen und Investitionshypothesen des potentiellen Erwerbers ein Arbeitsplan entwickelt werden, der vor allem die anfänglich gesetzten Hypothesen untersucht. Bei den Analyseschwerpunkten für die Durchführung einer Due Diligence kann beim Kauf/Verkauf zwischen der Sichtweise von Finanzinvestoren und strategischen Investoren unterschieden werden.

12.3.1 Analyseschwerpunkte aus der Sicht strategischer Investoren

- Qualifikation der Mitarbeiter und ihre Veränderungsbereitschaft
- Vorhandensein klarer Ziele des Unternehmens oder Betriebsteils
- Klare Verteilung von Budgets
- Geschlossene oder offene Informationspolitik und Unternehmenskommunikation im Hause
- Dokumentierte Ablaufprozesse und Prozessorientierung
- Grad der Kundenzufriedenheit und Vorhandensein eines Messinstruments
- Höhe der Mitarbeiterzufriedenheit und Vorhandensein einer Mitarbeiterbefragung
- Bewertung der Ergebnisse und Bilanzen des Unternehmens

12.3.2 Analyseschwerpunkte aus der Sicht von Finanzinvestoren

- Qualität des Managements und der Führungspersonen
- Bewertung der gesellschaftlichen und sozialen Verantwortung / Image des Unternehmens in der Öffentlichkeit

- Saisonalität der Ergebnisse, des Working Capitals und der Cash Flows
- Nettoverschuldung unter Berücksichtigung von Off-Balance Sheet Liabilities, Eventualverbindlichkeiten, Unterbewertung von Finanzverbindlichkeiten bzw. Überbewertung von Vermögensgegenständen
- Bewertung des Vorhandenseins eines internen Qualitätsmanagements
- Analyse und Beurteilung der rechtlichen, insbesondere steuer-, arbeits- und gesellschaftsrechtlichen Unternehmensstrukturen für Zwecke der Risikoanalyse und Gestaltungsoptimierung.

12.4 Ergebnis der praktischen Arbeit

Die Ergebnisse werden in einem »Datenraumbericht« für den Käufer zusammengefasst. Darin wird auf die erkannten Stärken und Schwächen des zu verkaufenden Unternehmens hingewiesen. Quantifizierbare Ergebnisse fließen in die Unternehmensbewertung und damit in die Findung des Angebotspreises des Erwerbers ein. Nicht quantifizierbare Ergebnisse führen hingegen zur Forderung nach Freistellungserklärungen und Gewährleistungen im Unternehmenskaufvertrag.

12.5 Gliederung eines Due-Diligence-Reports

Die beispielhafte Gliederung eines Due-Diligence-Reports könnte
wie folgt aussehen:

1. Prüfungsauftrag
2. Prüfungsumfang
3. Grundsätzliche Informationen über die beabsichtigte Transaktion
4. Ziel und Zweck der Transaktion
5. Analysen:
   a) der rechtlichen Situation (Legal Due Diligence)
   b) der steuerlichen Situation (Tax Due Diligence)
   c) der finanzwirtschaftlichen Situation (Financial Due Diligence)
   d) von Markt, Branche und Strategie (Market / Commercial Due
      Diligence)
   e) der Umweltverträglichkeit (Environmental Due Diligence)
   f) des Versicherungsschutzes (Insurance Due Diligence)
   g) der Technik (Technical Due Diligence)
   h) der Mitarbeitersituation (Human Resources Due Diligence)
6. Zusammenfassendes Ergebnis
7. Schlussbemerkung
8. Anhang

12.6 Funktionale Formen der Due Diligence

Wenn Sie glauben, es gibt nur »eine« Due Diligence, dann täuschen
Sie sich. In der Theorie unterscheidet man elf (!) Arten von Due Di-
ligences.

Strategic Due Diligence: Strategische Sicht industrieller, finanzi-
eller und spekulativer Investoren, strategische Planung, Ermittlung
von Synergiepotentialen

Financial Due Diligence: Prüfung und Prognose von Vermögen, Ertrag, Cashflow, Liquidität, Eigenkapital- und Fremdkapitalaufbringung, Finanzierungsstruktur, Möglichkeiten zum Cash Pooling – summarische Feststellung von Deal Issues und Deal Breaker

»Die Zahlen und das Lager wurden sicher beschönigt … Ich muss ganz ehrlich sagen, das war mein größter Fehler. Man muss das Lager mal bereinigen, da sind dann auch Exoten-Artikel, die nie mehr jemand kauft; die zwar so und soviel gekostet haben und in der Inventur vorhanden sind. Da habe ich sicher ein paar Tausend Euro, im fünfstelligen Bereich, revidieren müssen. Dann hat man halt gesagt, komm, wir lassen die Kirche im Dorf. Die Bewertung ist nur der ideelle Wert. Ich kann sagen, ich gebe dem Materiallager 20.000 weniger und dem Firmennamen 20.000 mehr. Ich hab´s halt dann so für mich bewertet. Nicht dass einer das Gefühl hat, er zahlt zu viel und der andere meint, er kriegt zu wenig.« (Interview Bernhard Gössler, Druckhaus Gössler, 06/2009)

Commercial Due Diligence: Die Commercial Due Diligence analysiert den Markt und insbesondere die Wertschöpfungskette des Geschäftsmodells. Markt, Wettbewerbsanalyse, Benchmarking, Kunden, Produkte, Pricing und USP. Die Commercial Due Diligence beantwortet die Frage nach der Nachhaltigkeit des Geschäftsmodells.

»Ich glaube, es ist ganz wichtig, auf die Mitarbeiter und auf das zukünftige Marktpotenzial zu achten. Man sollte sich wesentlich mehr mit der Zukunft auseinandersetzen als mit der Vergangenheit. Viele Leute wollen unbedingt die Bilanzen der letzten drei Jahre und das im Detail. Das ist aber nur ein Blitzlicht der Vergangenheit.« (Interview Dkfm. Martin Zumtobel MBA, F. M. Zumtobel Holding & Consulting GmbH, 08/2009)

Tax Due Diligence: Steuerliche Perspektive des Targets, maßgebende steuerliche Einflussfaktoren, umwandlungs- und konzernsteuerliche Analyse, Risikoanalyse, Strukturierung des Erwerbs (Abschreibung des Kaufpreises, steuerschonende Finanzierung, Organschaft, Verlustvorträge, Verkehrssteuern)

Legal Due Diligence: Rechtliche Risiken und anhängige Rechtsstreitigkeiten, urheberrechtliche, arbeitsrechtliche und kartellrechtliche Prüfung, Fusionskontrolle, Prüfung bestehender Miet- und Pachtverhältnisse

Market Due Diligence: Marktlage, interne Unternehmensanalyse, externe Unternehmensanalyse, Plausibilitätsüberprüfung der Planung, Datenquellen und Erfolgsfaktoren

Human Ressources (HR) and Organisational Due Diligence: Analyse des strukturellen Humankapitals, Analyse des individuellen Humankapitals sowie der Organisationsstruktur der Firma

Cultural Due Diligence: Gesellschaftliche Normen, Sitten und Bräuche, die aus dem Menschenbild und dem Selbstverständnis der Mitarbeiter heraus organisch gewachsen sind. Sie können branchenabhängig sehr verschieden sein. Die Komplikationen, die hier auftreten können, sind möglicherweise in einer Analogie mit europäischen Hilfsprojekten, z. B. in Afrika, vergleichbar: Wer nicht bereit ist, sich um ein echtes Verständnis der Mentalitäten zu bemühen, wird den Menschen vor Ort nicht helfen können. Die Aneignung dieses Verständnisses ist jedoch sehr zeitaufwändig.

Technical Due Diligence: Technischer Zustand von Anlagen und Gebäuden, Erfassung des Bedarfs an zukünftigen notwendigen Instandhaltungen und Modernisierungen

»Wenn ich gewusst hätte, wie die Entwicklung der letzten zwei Jahre verläuft, hätte ich sicher den Kaufpreis gedrückt. Das muss ich ganz klar sagen. Einer der großen Nachteile für mich war, dass der ganze Maschinenpark, angefangen von den Öfen, die das Herzstück sind, über Lüftung und Kessel, über Schlagmaschinen usw., in einem sehr schlechten Zustand war. Durch die ganze Problematik der Konsumgenossenschaft hat man die letzten zehn Jahre nicht in die Bäckerei investiert. Was die Bäckerei verdient hat, wurde abgezogen. Das hat sich erst zwei Jahre vor dem Kauf geändert, als ich gekommen bin. Da hat es dann die Möglichkeit für die ersten Investitionen gegeben. Tatsache ist, dass wir die nächsten Jahre gezwungen waren, alle drei Öfen zu erneuern. So ein Ofen kostet so viel wie ein gehobener Mittelklassewagen. Das ist viel Geld, wenn man auf einmal drei Öfen kaufen muss, um die Qualität sicherzustellen, die wir produzieren wollen. Das sind Dinge, die aus meiner heutigen Sicht im Kaufpreis zu wenig berücksichtigt wurden … Damals hat man gedacht, dass man es in kleinen Schritten machen kann. Es hat sich dann herausgestellt, dass es nicht so war.« (Interview Gerhard Bartos, Montafoner Bäckerei, 06/2009)

Environmental Due Diligence: Prüfung der Umweltqualität des Standorts, seiner Anlagen und Gebäude. Hierbei werden neben Altlasten (z.B.: Rüstungs-/kriegsbedingte Altlasten) und Bodenbelastungen (Untergrundkontaminationen aus industrieller oder technischer Vornutzung) aus der ehemaligen und gegenwärtigen Nutzung untersucht. Die örtlichen Gegebenheiten im Hinblick auf einen zukünftigen Schutzstatus (Schutzgebietstatus, wie z.B. Naturschutzgebiet, Denkmalschutz) werden beurteilt. Schließlich werden Gebäudeschadstoffe (Nutzung von Asbestprodukten in der Bausubstanz, Vorhandensein von anderen Schadstoffen) erhoben, die bei Abbruch- oder Umbauarbeiten zusätzliche Kosten verursachen können (Schadstoff-Kataster).

Due Diligence: IT-Qualität und -Sicherheit eines Unternehmens; dabei wird zunehmend auch die Zukunftssicherheit zu berücksichtigen sein.

(Quelle: wikipedia, 12/2009)

12.7 Kritik an einer Due Diligence

Vergangenheitsperspektive: Der Schwerpunkt einer Due Diligence liegt in der Beurteilung und Prüfung von bereits Vergangenem.

»Ein Zimmer ist noch lange warm, auch wenn der Ofen schon kalt ist.« (Interview Dkfm. Martin Zumtobel MBA, F.M. Zumtobel Holding & Consulting GmbH, 08/2009)

Honorierung: Berater, die mit der Durchführung der Due Diligence beauftragt werden, werden nicht selten erfolgsorientiert vergütet, d.h. bei Transaktionserfolg wird ein höheres Honorar gezahlt als bei Abbruch der Transaktion. Dieser aus Sicht des Kunden zunächst nachvollziehbare Wunsch, bei abgebrochenen Transaktionen keine hohen Honorare und damit Kosten zu haben, führt jedoch zu einem Interessenskonflikt beim Berater. Daher besteht die Gefahr, dass manche Risiken heruntergespielt werden, um den erfolgreichen Abschluss des Deals nicht zu gefährden. Achten Sie darauf, dass Ihr Berater keinen massiven wirtschaftlichen Nachteil bei einem Abbruch der Transaktion erleidet.

Art der Durchführung: Häufig werden Due-Diligence-Arbeiten auf Basis von Due-Diligence-Checklisten durchgeführt, ohne zu hinterfragen, ob die auf der Due-Diligence-Checkliste genannten Informationen und Analysen tatsächlich für den Auftraggeber und dessen Ziele relevant sind. Als Ergebnis entstehen umfangreiche Berichte, die nur von begrenztem Nutzen für den Erwerber sind.

13. Kommunikation: extern – intern

Wenn Sie den Entschluss zum Firmenverkauf getroffen haben und Sie sich auch über Ihre weitere Zukunft ein konkretes Bild (oder zumindestes über einige Alternativen) gemacht haben, sollten Sie eine Person Ihres Vertrauens einweihen. Meist ist das der Ehepartner, ein sehr guter Freund oder ein erfahrener Berater, den Sie kennen, oder der Ihnen empfohlen wurde. Nehmen Sie sich bei der Auswahl dieser Vertrauensperson(en) genug Zeit. Die Kommunikation während eines Übergabe- bzw. Firmenverkaufsprozesses ist äußerst sensibel. Grundsätzlich muss man dabei zwischen der internen (Mitarbeiter) und der externen (Kunden, Lieferanten, Öffentlichkeit) Kommunikation unterscheiden.

Ich empfehle meinen Klienten, in der Anfangsphase ausschließlich alle Gesellschafter und maximal einige wenige leitende Mitarbeiter (Geschäftsführung, Prokuristen) über ihre Entscheidung zu informieren. Je weniger Menschen über Ihre Absichten Bescheid wissen, desto besser ist es. Nicht, dass man sich für etwas schämen oder etwas verstecken muss, ganz und gar nicht. Aber jeder Eigentümerwechsel bringt auch eine erhebliche Veränderung mit sich. Und das bedeutet eine Umstellung bei den Mitarbeitern, bei den Kunden, bei den Lieferanten, eigentlich bei allen irgendwie Beteiligten. Da aber gerade diese Menschen (meist) keinen Einfluss auf den Transaktionsprozess haben, kann nur getratscht, palavert und verunsichert werden. Und davor sollten Sie Ihre Mitarbeiter und sich selbst schützen. Bitte vergessen Sie auch nie, dass ein gewisses Abhängigkeitsverhältnis vom Mitarbeiter zum Unternehmen besteht. Der Mitarbeiter arbeitet nicht nur deshalb bei Ihnen, weil Sie ein so toller Chef sind, sondern weil er mit seinem Gehalt seine Familie ernähren muss. Ein Kunde kauft nicht nur Ihre Qualität, sondern auch ein Stück Ihrer Firmenphilosophie, die sich sicherlich durch Ihren Weggang verändern wird.

Wenn Sie nach Ihren Beweggründen gefragt werden, weshalb Sie aufhören möchten, seien Sie bitte ehrlich. Denn früher oder später kommt die Wahrheit (wirtschaftliche Gründe, eine Krankheit, familieninterne Angelegenheiten, etc.) ans Licht.

Wann ist der richtige Zeitpunkt zur internen Kommunikation?

Sie sollten bereits VOR der tatsächlichen Betriebsübergabe oder dem Firmenverkauf mit dem Prozess der Kommunikation beginnen. Bilden Sie eine kleine Gruppe von Eingeweihten! Diese Gruppe setzt sich zusammen aus:

- Ihnen als Unternehmer
- einer privaten Bezugsperson (Ehepartner, Mitgesellschafter, Freund)
- einem externen Berater (Makler)
- ev. Mitarbeitern aus der Geschäftsleitung (Geschäftsführer, Prokurist)

Darüber hinaus gehört dieser Gruppe NIEMAND an! Auf gar keinen Fall Ihre Kunden!

Erst nach getätigter Unterschrift auf den Verkaufsverträgen – und wirklich nicht früher – sollten Sie über die/den neuen Eigentümer der Firma informieren. Speziell am Ende des manchmal langen Übergabe- oder Verkaufsprozesses passiert es immer wieder, dass Teilinformationen schon an die Öffentlichkeit gelangen. Das verunsichert die Mitarbeiter und Ihre Kunden und sollte daher auf alle Fälle verhindert werden. Folgenden Ablauf würde ich empfehlen:

1. Unterzeichnung aller Verträge
2. Unmittelbare Information der leitenden Angestellten
3. Betriebsversammlung und Information aller Mitarbeiter (Aushang am schwarzen Brett, Intranet, etc.) innerhalb 24 Stunden
4. Telefonische Information der Topkunden (Top 20 Kunden) innerhalb von drei Tagen
5. Informationsschreiben an alle Kunden und Lieferanten (wenn möglich sollte dieser Brief vom alten und vom neuen Eigentümer persönlich unterschrieben sein) innerhalb einer Woche
6. Presseaussendung an die Fachpresse und an die lokalen Medien innerhalb einer Woche

Was sollen Sie tun, wenn Mitarbeiter oder Kunden Sie konkret auf das Thema »Firmenverkauf« schon vor dem Abschluss ansprechen? Meine Empfehlung: Leugnen Sie auf gar keinen Fall. Versuchen Sie aber diplomatisch und ohne Rechtfertigungsdruck zu antworten. Vertiefen Sie die Diskussion nicht!

»Die Mitteilung erfolgte sehr kurzfristig. Zwei oder drei Mitarbeiter haben es schon im Vorfeld gewusst. Die muss man auch einbeziehen in diesen Prozess. Die müssen ja auch dem Interessenten Rede und Antwort stehen, wenn der Interessent dies will. Das Gros der Mitarbeiter hat nichts vom Verkauf gewusst. Die haben wir eine Woche vor der endgültigen Übergabe informiert, damit auch die Phase der Verunsicherung möglichst kurz ist. Wenn ich es als Mitarbeiter sechs Monate davor weiß, dann habe ich eine lange Phase der Verunsicherung. Die Leistung geht runter und es ist auch eine psychische Belastung. Am besten ist es kurz und schmerzlos. Z.B man informiert am Freitag und ab Montag ist es dann Realität.« (Interview Jürgen Wiesenegger, Scheyer Verpackungstecnik GmbH, 08/2009)

»Wir haben dann die Kunden angeschrieben. Im Nachhinein glaube ich, dass wir die Kunden viel intensiver besuchen hätten müssen … Das hätte man vertraglich vereinbaren sollen. Z.B.: ›Die ersten drei Monate steht der Verkäufer zum Besuch so und so vieler Kunden zur Verfügung.‹« (Interview Karl-Heinz Milz, VVA GmbH, 07/2009)

»Den Mitarbeitern kannst du es erst sagen, wenn du auch an die Öffentlichkeit gehst. Wenn man es den Mitarbeitern kommuniziert und dann bekommt das jemand von den Medien mit, steht in der Zeitung: ›Scheyer löst Produktgruppe auf‹ oder irgendein Blödsinn.
Bei uns war die Mitarbeiterinformation um 8.00 Uhr und die Pressekonferenz um 9.00 Uhr. Dazu haben wir alle eingeladen.« (Interview Jürgen Wiesenegger, Scheyer Verpackungstecnik GmbH, 08/2009)

14.   Firmenkultur und kulturelle Konflikte

Es gibt mehrere Kulturen innerhalb derselben Firma. Hat eine Firma nur eine Firmenkultur? Nein. Es gibt, genauer gesagt, so viele Kulturen wie es Abteilungen bzw. Abteilungsleiter gibt!

Allein die Tatsache, dass ein neuer Chef im Betrieb ist, bedeutet einen Wandel in der Firmenkultur! Dass es bei jeder Betriebsnachfolge bzw. bei jedem Firmenverkauf zu kulturellen Konfliken kommt, sollte Ihnen bewusst sein. Wirklich bei JEDER! Der Begriff Firmenkultur ist nämlich sehr weit zu sehen.

Wenn ich nach einem erfolgreichen Firmenverkauf gemeinsam mit dem alten und mit dem neuen Firmeninhaber bei der Informations-Betriebsversammlung über den Firmenverkauf anwesend bin, gebe ich meinen Klienten immer denselben Rat: Sie können alles zu Ihren Mitarbeitern sagen. Sie können Ihre Beweggründe zum Verkauf bzw. zum Kauf nennen. Sie können – wenn Sie es wollen – auch den Kaufpreis nennen. Aber bitte sagen Sie NIEMALS: »Es bleibt alles so, wie es war!« Denn es bleibt nicht so. Niemals!

»Man spricht immer von Synergie und vom Schaffen von Synergien. Das Gegenteil ist aber Allergie. Da kommen zwei Betriebe zusammen und sollten Synergien schaffen und sind sich beide überhaupt nicht grün und jeder kämpft um die Vorherrschaft.
Die beste Synergie war zum Beispiel der Kauf der Firma Zumtobel Kaffee durch die Firma Julius Meinl. Die hat einfach den Betrieb, die Rösterei zugesperrt, hat effektiv begonnen, auf ihrer eigenen Anlage zu rösten, hat nur den Vertrieb weitergemacht und Kaffee erzeugt. Das ist Synergie pur. Aber wenn man etwas so halb macht und der eine macht was und der anderes macht was, das erzeugt eher Allergien.« (Interview Dkfm. Martin Zumtobel MBA, F.M. Zumtobel Holding & Consulting GmbH, 08/2009)

Sagen Sie niemals:

»Es bleibt alles so,

wie es war!«

Das Thema Kultur beginnt mit dem neuen Chef. Schon kleine Änderungen in der Besprechungskultur, im Umgang mit den Mitarbeitern und mit den Kunden haben ihre Wirkung. Das konsequente Praktizieren bestimmter Tugenden (Pünktlichkeit, Zuverlässigkeit, Ehrlichkeit, Sauberkeit, etc.) hat wohl den massivsten Einfluss auf die neue Firmenkultur. Besonders ausgeprägt ist der Kulturwandel, wenn der neue Firmeneigentümer aus dem (nicht deutschsprachigen) Ausland kommt. Wenn Sie als alter Firmeneigentümer Ihr Unternehmen an einen ausländischen Investor verkaufen, bedeutet das meistens, dass Sie Verkäufertyp 2 sind. (Lesen Sie mehr darüber in Kapitel 1.2:»Wann ist der richtige Zeitpunkt und was sind die Beweggründe für die Betriebsübergabe bzw. den Unternehmensverkauf?«) Es muss Ihnen von Anfang an klar sein, dass speziell bei einem fremdsprachigen Management die Personal- und Kundenfluktuation enorm ist. Viele Erfahrungen in unserer beratenden Funktion bestätigen diese Tatsache.

Aussagen eines Firmenkäufers, bei dem die Veränderung der Firmenkultur besonders bewusst wahrgenommen wurde :

»Bei der ersten Übernahme, die wir hatten, habe ich im Nachhinein erfahren, dass da noch zwei andere Interessenten (interne Mitarbeiter) dabei waren, die das Unternehmen auch haben wollten. Die haben aber die Finanzierung nicht aufstellen können. Sie waren in der Folge auch sehr schwierig einzugliedern. Ich glaube, der eine ist dann von sich aus gegangen und den anderen haben wir gekündigt. Wir haben auch bei den anderen Übernahmen immer jemanden gekündigt oder irgendwas verändern müssen. Sonst kann man das, was man selber will, nicht erreichen. Man muss sich da von Leuten trennen, die nicht dazupassen.« (Interview DI Friedrich Niederndorfer, Abatec Elektronic AG, 07/2009)

Exkurs: Wie kann man die Firmenkultur aktiv beeinflussen?

Eine ausführliche Antwort auf diese Frage würde den Inhalt meines Buches sprengen. Ich möchte Ihnen hier jedoch die vier wichtigsten Faktoren vorstellen, die eine Firmenkultur aktiv formen:

- Artefakte (sichtbare Strukturen und Prozesse im Unternehmen; Symbole wie Kleidung, Umgangsformen, Besprechungsdisziplin, etc.)
- Werte und Normen (Kommunikation der Strategie, Ziele, Verhaltenskodex, etc.)
- Prämissen (allgemeine Wahrnehmung, interne Kommunikation)
- Veranstaltungen (Informationsveranstaltungen, »Fun-Aktivitäten«, etc.)

»… es gibt Leute, die mehr als nur eine Weihnachtsfeier machen. Das sind Menschen, die ein Team formen. Wenn man keinen Teamformer hat, dann geht's nicht.« (Interview DI Friedrich Niederndorfer, Abatec Elektronic AG, 07/2009)

15. Verträge

An dieser Stelle möchte ich Ihnen dringend empfehlen, alle Verträge im Zusammenhang einer Betriebsnachfolge von einem Juristen erstellen bzw. prüfen zu lassen. Dies gilt auch für einfache Vertragswerke wie Konsulentenverträge oder Mietverträge. Im Zusammenhang mit einer Firmentransaktion möchte ich auf drei wesentliche Verträge eingehen. Diese sind:

- Vertraulichkeitserklärung
- Absichtserklärung (auch oft Letter of Intend (LOI) genannt)
- Kaufvertrag

15.1 Vertraulichkeitserklärung

Siehe Kapitel 10.2 »Verschwiegenheit und Vertraulichkeit«

15.2 Absichtserklärung

Darunter versteht man die schriftliche Willensbekundung eines potenziellen Käufers zum Kauf Ihrer Firma. Eine Absichtserkärung könnte wie folgt aussehen:

1. *Kaufabsicht: Die Käuferin beabsichtigt, sämtliche Geschäftsanteile an der Gesellschaft der Firma XY zu erwerben. Die Gesellschafter sind die alleinigen Gesellschafter dieser Gesellschaft. Der Erwerb soll mit Wirkung zum ... (Datum) erfolgen.*

2. *Kaufpreis: Nach den der Verkäuferin vorliegenden Unterlagen soll der vorläufige Kaufpreis xxx € betragen. Grundlage der Kaufpreisindikation ist die Annahme, dass der Umsatz …. € und das Betriebsergebnis (EBIT) … € im laufenden Geschäftsjahr betragen.*

3. *Fälligkeit des Kaufpreises: der Kaufpreis ist nach Unterzeichnung des Vertrages zu zahlen.*

4. *Due Diligence: Die Käuferin beabsichtigt, dass die Durchführung des Erwerbs anhand einer Due Diligence verifiziert wird. Diese Due Diligence kann auch von einer externen Wirtschaftsprüfungsgesellschaft durchgeführt werden. Treten dabei erhebliche Divergenzen im Verhältnis zu den jetzigen Kenntnissen über die Gesellschaft auf, so werden sich Konsequenzen daraus im Kaufvertrag niederschlagen.*

5. *Durchführung: Die Käuferin beabsichtigt den Erwerb bis spätestens 6 Wochen nach Vorlage aller angeforderten Geschäftsunterlagen. Der Beginn der Due Diligence ist zwischen den Parteien einvernehmlich abzustimmen.*

6. *Arbeitsverhältnis mit Gesellschafter: Die Parteien sind sich einig, dass die Gesellschafter – ab Datum der Unterzeichnung des Kaufvertrages – folgende Funktion als … tätig sein werden. Die Tätigkeit ist zunächst auf einen Zeitraum von … Monaten befristet. Die Vergütung für die im Tätigkeitszeitraum erbrachten Tätigkeiten der Gesellschafter beträgt für jedes Monat … €.*
Alle weiteren Rechte und Pflichten für die Tätigkeit werden in einem separaten Vertrag (Anstellungsvertrag, Konsulentenvertrag, etc.) vereinbart.

7. *Vertraulichkeitserklärung: Beide Parteien werden absolute Vertraulichkeit und Stillschweigen gegenüber Dritten und der Öffentlichkeit über die geführten und noch zu führenden Verhandlungen bewahren. Und zwar auch dann, wenn die in dieser Absichtserklärung beschriebene Transaktion nicht zustande kommen sollte.*

8. *Exklusivität: Die Gesellschafter werden mit der Unterzeichnung dieses Vertrages bis zum Ablauf der Sechs-Wochenfrist mit anderen Kaufinteressenten als der Käuferin keine Gespräche über die Veräußerung von Geschäftsanteilen an der Gesellschaft führen.*

9. *Abwerben von Mitarbeitern: Die Käuferin verpflichtet sich, während der Dauer dieser Absichtserklärung und für 12 Monate danach keine Mitarbeiter abzuwerben.*

10. *Vertragsstrafe: Für den Fall der Verletzung der oben genannten Verpflichtungen verpflichten sich die Parteien zur Zahlung einer Vertragsstrafe von 10.000,– €.*

11. *Wettbewerbsverbot: Die Gesellschafter verpflichten sich für die Dauer von zwei Jahren weder mittelbar noch unmittelbar Aktivtäten aufzunehmen, die mit der Geschäftstätigkeit der Käuferin konkurrieren. Für den Fall einer Verletzung diese Wettbewerbsverbotes verpflichten sich die Gesellschafter zur Zahlung einer Vertragsstrafe von 10.000,– € je Verstoß.*

12. *Kostenersatz: Jede Partei trägt ihre entstehenden Kosten selbst.*

13. *Rechtsverbindlichkeit: Diese Absichtserklärung gibt die gemeinsamen Absichten der Gesellschafter und der Käuferin zur Übertragung sämtlicher Geschäftsanteile der Fa. XY auf die Käuferin wieder. Aus der Absichtserklärung können weder Ansprüche auf Erfüllung noch Schadenersatzansprüche im Falle des Nichtzustandekommens des Vertrages hergeleitet werden, mit Ausnahme der oben genannten Vertragstrafe.*

15.3 Kaufvertrag

Die wesentlichen Inhalte eines Kaufvertrages möchte ich hier in Form einer Punktation (Vertragsentwurf) zusammenfassen:

1. *Beschreibung des Kaufgegenstandes (Firma, x % der Geschäftsanteile, Firmenbuch-Eintragung, etc.)*
2. *Stichtag: Datum oder rückwirkend mit …(Datum)*
3. *Abtretungspreis: Kaufpreis, Stammeinlage*
4. *Zahlungsmodalität: zahlbar nach Vertragsunterzeichnung (Hinweis: Treuhandkonto)*
5. *Verzugszinsen: bei Zahlungsverzug*
6. *Gewährleistungen: Der Verkäufer leistet Gewähr, dass*
   a. *vertragsgegenständliche Anteile im uneingeschränkten Eigentum der Verkäufern sind*

b. *keine wichtigen Beschlüsse der Gesellschafter getroffen wurden, die nicht bekannt sind*

c. *keine Pfandrechte existieren*

d. *keine Beteiligungen oder Verpflichtungen an anderen Unternehmen bestehen*

e. *keine Prokuren, Handlungsvollmachten, Zeichnungsberechtigungen vergeben wurden*

f. *Richtigkeit der Zahlen, Angaben bei der Due Diligence, Bilanzen der letzten Jahre*

g. *korrekte Bewertung der Vermögensgegenstände (Lager, Sachanlagen, etc.)*

h. *Anlage- und Umlaufvermögen im Eigentum des Verkäufers, keine Belastungen von Dritten*

i. *Werthaltigkeit des Umlaufvermögens (vor allem des Lagers)*

j. *Kundenforderungen voll einbringlich sind*

k. *sämtliche Rückstellungen vollständig und in zutreffender Höhe sind*

l. *keine Pensionszusagen bzw. -verbindlichkeiten bestehen*

m. *korrekte Steuererklärungen in der Vergangenheit gemacht wurden*

n. *keine Eventualverbindlichkeiten, Bürgschaften, Garantien etc. bestehen*

o. *keine Ereignisse eingetreten sind, die für die zukünftige Geschäftssituation eine ungünstige Ausgangslage ergeben*

p. *sämtliche Steuern und Sozialabgaben sowie Zölle und sonstige Abgaben fristgerecht bezahlt sind*

q. *sämtliche erforderlichen Genehmigungen, Konzessionen und Bewilligungen vorhanden sind*

r. *alle behördlichen Auflagen erfüllt sind*

s. *Versicherungen im ausreichenden Umfang abgeschlossen sind*

t. *keine Zivil- und Verwaltungsstrafverfahren laufen bzw. angedroht wurden*

u. *keine Reklamationen bekannt sind*

v. *keine Arbeitsverhältnisse bestehen – mit Ausnahme derer, die dem Käufer bekannt sind*

w. *keine besonderen Zusagen, Betriebsvereinbarungen, separaten Lohn und Gehaltsaufwendungen gegenüber den Arbeitnehmern bestehen x.* keine Gewinnausschüttungen seit ... (Datum) durchgeführt wurden

y. Durchführung der unternehmerischen Tätigkeit bis zur Übergabe nach den Grundsätzen kaufmännischer Sorgfalt abgewickelt wurde

7. Befristung der Gewährleistung: ein Jahr nach Vertragsabschluss

8. *Bagatellklausel:* bei Geltendmachung von Ansprüchen (aus Gewährleistung, Garantien) gilt eine Bagatellgrenze im Einzelfall von 5.000,– € bzw. in der Summe von 20.000,– €. Dieser Betrag von 20.000,– € gilt als Freibetrag. Unter dieser Bagatellgrenze werden mögliche Ansprüche nicht an den Verkäufer weiterverrechnet. (ausgenommen sind Steuern und Sozialbeiträge (keine Bagatellgrenze))

9. *Firmenfortführung:* Verwendung des Wortlautes »XY« inkl. Logo und Internetdomaine www.xy.com

10. *Übergangsregelung:* Unterstützung bei der Übergabe der Geschäftstätigkeit vom Verkäufer zum Käufer (Vergütung ist in einem separaten Konsulentenvertrag geregelt)

11. *Geschäftsführung:* Herr X tritt mit Übergabe der Firma als Geschäftsführer zurück (ohne weitere Ansprüche gegenüber der Gesellschaft)

12. *Konsulentenvertrag:* von Herrn X als Berater

13. *Mietvertrag:* ev. bestehende Mietverträge im Anhang

14. *Konkurrenzverbot:* für den Verkäufer für die Dauer von zwei Jahren (Konventionalstrafe von 10.000,– € bei Vergehen)

15. *Vertraulichkeit:* über den Vertrag, sämtliche Vereinbarungen, Kaufpreis

16. *Teilnichtigkeit:* Klausel einbauen

17. *Kosten für die Vertragserrichtung:* z.B. die Gesellschaft

18. *Schriftlichkeit:* Änderungen und Ergänzungen bedürfen der Schriftform

Hinweis: Die oben angeführte Punktation erfüllt nicht den Anspruch der Vollständigkeit. Sie dient lediglich als Checkliste.

Hören Sie

auf Ihr

Bauchgefühl!

16. Letzte Tipps und Tricks bei der Transaktion

Mit den nachstehenden Tipps & Tricks möchte ich Sie dazu ermuntern, sich mehr mit den Bedürfnissen des Käufers dzw. des Nachfolgers zu beschäftigen. Lösen Sie sich von den vielen Fragen zu Ihrer Person und zu Ihrer Firma und schlüpfen Sie auch gelegentlich in die Rolle des Nachfolgers. Wenn Sie die Position des Käufers besser verstehen, werden Sie sich auch bei den gesamten späteren Verkaufsverhandlungen leichter tun.

Was will ich
Der erste Schritt einer erfolgreichen Betriebsnachfolge beginnt – und hier wiederhole ich mich – in der Vorbereitung. Der Verkäufer und der Käufer sollten genau wissen, was sie wollen. Hier bitte ich Sie als Verkäufer bzw. als Übergeber in die Rolle des Käufers zu schlüpfen. Und fragen Sie sich dabei:»Sind Sie – aus Sicht des Käufers – der Idealkandidat?« Wie sieht das ideale Profil des Nachfolgers aus, bzw. wie ist das Profil der zu kaufenden Firma?

Speziell für jene Käufer, die mit einer Firmenübernahme den Weg in die Selbständigkeit suchen, gilt es, das Wunschprofil zu definieren: Branche, Firmengröße (Umsatz, Mitarbeiterzahl), Standort, Ertragskraft, Historie, etc.

»Ich habe bis jetzt in meinem Berufsleben immer nach dem Grundsatz gehandelt: Wenn ich etwas mache, dann muss ich davon überzeugt sein. Wenn es das nicht ist, lasse ich es bleiben. Ganz einfach. Ich war damals überzeugt und bin es bis heute immer noch, dass das Unternehmen positiv zu führen ist. Auch wenn das ganz schwer ist. Das hängt auch mit sehr vielen Dingen aus der Vergangenheit zusammen. Jetzt gibt's uns ja auch schon seit zwei Jahren.« (Interview Gerhard Bartos, Montafoner Bäckerei, 06/2009)

Wer sucht – der findet

Das Geheimnis einer umfangreichen Recherche ist die aktive Suche in Datenbanken, im Internet, durch Umfragen, Kontakte und durch das eigene Netzwerk – egal ob Sie verkaufen oder kaufen. Man sollte nicht das erstbeste Angebot annehmen! Das heißt aber auch: »Es gibt eine Auswahl an zu kaufenden Firmen – Sie sind nicht allein!«

Vertrauen ist gut ...

Bevor die intensiven Verkaufsverhandlungen beginnen, muss ein ehrliches Vertrauensverhältnis aufgebaut werden. Hören Sie auf Ihr Bauchgefühl! Speziell dann, wenn zwischen dem Käufer und Ihnen eine Wettbewerbssituation besteht, sollte man sich vorsichtig den Fakten nähern.

Referenzen bei Projekten

Speziell wenn Sie im Projektgeschäft tätig sind und es kein Risiko des Kundenverlustes gibt, sollten Sie mit Ihren bisher abgeschlossenen Projekten werben. Mit Ihren Referenzen verstärken Sie Ihre Seriosität und das Vertrauen bei den Kaufinteressenten.

Der Preis ist heiß

Eines der Hauptthemen bei jedem Firmenverkauf/-kauf ist der Preis. Trotz mathematisch belegter Unternehmensbewertungen und vieler theoretischer Begründungen muss der Preis innerhalb der Erwartungen von beiden Seiten liegen. Speziell bei familiengeführten Unternehmen, die über mehrere Generationen existieren, liegt meist der subjektive Unternehmenswert aus Sicht des Verkäufers deutlich höher. Wir empfehlen daher bei allen Verhandlungen, das Preisthema rasch anzusprechen. Dadurch können Erwartungen sofort geklärt werden und im Zweifelsfall kann man sich von beiden Seiten viel Zeit und Geld für eine Firmenanalyse sparen.

Alles was Recht ist

Selbst die sorgfältigst geplante Due Diligence ist und bleibt eine Momentaufnahme und kann niemals zu 100 Prozent die gesamte Firma durchleuchten. Daher sollten zugesagte Abmachungen vertraglich genau geregelt werden. Das hat nichts mit Misstrauen zu tun, sondern ist eine Absicherung für beide Parteien.

Konsultieren Sie einen Juristen (Notar oder Rechtsanwalt) Ihres Vertrauens und stellen Sie sicher, dass dieser Jurist folgende Qualifikationen besitzt:

- Spezialisierung im Bereich Wirtschaftsrecht
- Erfahrung bei Firmentransaktionen

»Eine gute juristische Beratung ist sehr wichtig und daneben darf das Bauchgefühl nicht vernachlässigt werden. Wenn der Bauch sagt, das ist ein Punkt, mit dem ich nicht kann, muss das raus oder geändert werden. Ich habe mir geschworen, ich mache keinen Vertrag mehr, bei dem ich Bauchweh habe. Ich vergleiche das immer mit der Verliebtheit, da nimmt man vieles in Kauf, die Fehler sieht man gar nicht und wenn die Verliebtheit dann vorbei ist, sind das genau die Sachen, die unangenehm werden können.« (Interview Karl-Heinz Milz, VVA GmbH, 07/2009)

Information durch Ex-Mitarbeiter

Manche potenziellen Käufer sind der Meinung, dass man »das wahre Bild einer Firma« vor allem von jenen Personen erhält, die kein Naheverhältnis mehr zur betreffenden Firma haben. Ein ausgeschiedener Mitarbeiter könnte ja objektiver über die Qualität der internen Abläufe und Prozesse, über das Betriebsklima und über den Führungsstil des Chefs, sprechen. Doch Achtung: Ist ein Mitarbeiter, der zum Beispiel aus verhaltensbedingten Gründen gekündigt wurde, wirklich objektiv? Interviews mit Ex-Mitarbeitern sind bei der Beurteilung von Unternehmen unüblich – ja aus meiner Sicht sogar unseriös. Trotzdem könnten Sie als Verkäufer mit dem Wunsch nach solchen Personalgesprächen konfrontiert werden. Eine Namensliste von unlängst ausgetretenen Mitarbeitern sollte daher im Zuge einer Due Diligence NIEMALS abgegeben werden.

Informationen von Ex-Kunden

Genau denselben Grund wie oben, nämlich mehr Objektivität, erhoffen sich potenzielle Käufer, indem Sie verlorene Kunden interviewen. Selbstverständlich ist es immer – auch für Sie – interessant zu wissen, wieso ein ehemaliger Kunde heute nicht mehr kauft.

Wenn Sie es dem Käufer aber untersagen, mit diesen Ex-Kunden direkt Kontakt aufzunehmen, sollten Sie zumindest einen vernünftigen Grund oder ein passendes Argument parat haben. Auf alle Fälle sollten Sie auf diverse Fragen zu ihren verlorengegangenen Kunden gut vorbereitet sein.

Erreichbarkeit

Sie sollten während der gesamten Verkaufsverhandlungen gut erreichbar sein. Im heutigen Zeitalter mit Mobiltelefon und Internet wird dies auch kein Problem darstellen. Erfahrungsgemäß reagieren so manche potenziellen Käufer immer etwas verunsichert, wenn man auf Antworten zwei Wochen warten muss. Manchmal kan sogar ein Mißtrauen daraus entstehen.

Also, Telefon griffbereit halten!

17. Einarbeitung und Wissenstransfer

In Ihrem Betrieb besitzen Sie als Unternehmer – trotz aller Managementhandbücher, den Vorgaben der ISO-Normen und den vielen Dokumentationsmöglichkeiten – sehr viel Kopfwissen. Nämlich jenes Wissen, welches Sie sich in all den Jahren angeeignet haben. Alle Ereignisse, die Hoppalas und Flops, haben bei Ihnen etwas hinterlassen. Die gemeinsamen Mitarbeiterveranstaltungen, die Diskussionen mit den Lieferanten und die langen Abende mit Ihren Kunden sind nicht spurlos an Ihnen vorbeigegangen. Aber das alles hat Sie und somit auch Ihre Firma beeinflusst und geprägt. Wie aber soll dieses Wissen mit allen Emotionen an den Neuen übertragen werden? Und vor allem: Wie wichtig sind Ihre Kenntnisse für die Zukunft der Firma?

Viele Unternehmer sind Macher, keine Pädagogen. Das heißt, Sie sind nicht dazu ausgebildet, Wissen zu vermitteln. Das Phänomen des mangelhaften Wissentransfers erleben wir sehr häufig bei Technikern. So fachlich anspruchsvoll manche Einschulungen sind, genau so schwerfällig und langweilig werden sie oft übermittelt und präsentiert.

Bitte bedenken Sie, dass es nicht darauf ankommt, wieviel Information Sie Ihrer Meinung nach an Ihren Nachfolger weitergegeben haben, sondern wieviel Wissen er tatsächlich aufgenommen hat. Bitte überprüfen Sie das übertragene Know-how mittels Kontrollfragen!

»Dass das Knowhow nicht verloren geht, ist sehr wichtig.... jedes Unternehmen hat eine Seele. Ich finde die Soft-Facts wichtiger. Die Hard-Facts kann ich ausrechnen. Aber die Soft-Facts gibt's in jedem Unternehmen. Jedes Unternehmen hat eine Kultur. Das sollte man nicht vergessen. Nicht unbedingt bei der Bewertung, aber bei der Integration sollte man darauf achten, dass man nicht alles zerstört.« (Interview Hartmut Lohs, Druckerei Lohs GmbH, 06/2009)

Viele Unternehmer

sind Macher,

keine Pädagogen.

Wir empfehlen daher bei allen Firmenübergaben zum Thema Wissenstransfer vier Hauptthemen am Anfang klar festzulegen:

Aufgaben und Kompetenzen des alten Firmeninhabers: Die unterschiedlichen Phasen des Unternehmers nach dem Firmenverkauf haben wir bereits in Kapitel 1 beschrieben. Hier geht es aber um die Regelung der Kompentenzen in der Zeit des Wissenstransfers:

- Phase I: Unternehmer / Firmenchef
- Phase II: Konsulent
- Phase III: Privatier

In jeder Phase haben/hatten Sie unterschiedliche Aufgaben, aber vor allem unterschiedliche Kompetenzen. Diese gehen von Phase zu Phase zurück. Kleiner Trost: der Anteil Ihrer Freizeit steigt dabei proportional mit der abnehmenden Verantwortung.

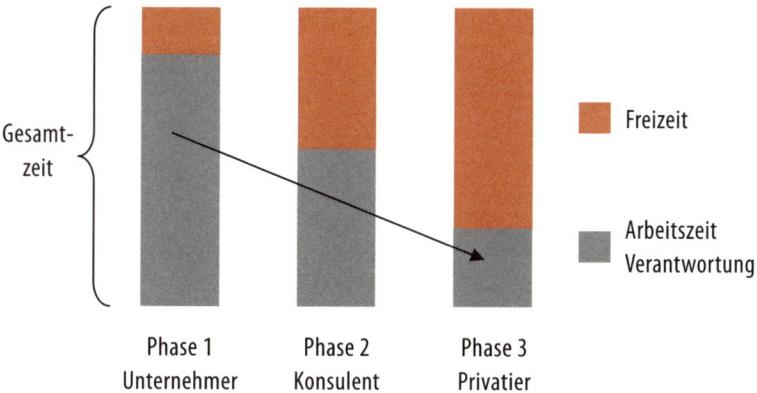

Im Klartext heißt das: Nach der erfolgreichen Übergabe Ihrer Firma reduzieren sich meist Ihre Aufgaben, vor allem aber Ihre Kompetenzen (!) in der Firma.

Leider lehrt mich die Erfahrung, dass ehemalige Firmeninhaber weiterhin mit unverändertem Gehabe durch ihre Ex-Firma schreiten. Dieses Verhalten verursacht negative Gefühle beim neuen Eigentü-

Die eigenen Aufgaben

und Kompetenzen

für die nächste Zeit

von Anfang an klar

festlegen.

mer und eine Unsicherheit bei der Belegschaft. Können Sie selbst nicht »aus Ihrer Haut«, sollten Sie den sofortigen Rückzug wählen, bevor es zum Eklat kommt. Umgekehrt darf Ihnen jede neue Entscheidung nicht gleichgültig sein. Hinter dem Argument »Ich habe nichts mehr zu sagen«, können Sie sich zwar verstecken. Sie zeigen aber kein aktives Engagement für die Zukunft der Firma. Und solange Sie als Konsulent für die Firma tätig sind, muss Ihnen das Wohlergehen der Firma am Herzen liegen – mit oder ohne Entscheidungsbefugnis. Also: Die eigenen Aufgaben und Kompetenzen für die nächste Zeit von Anfang an klar festlegen.

Inhalte der Wissensvermittlung: Definieren Sie klar die Inhalte zu den wesenlichen Themen, die Sie übermitteln wollen. Strukturieren Sie die Themen wie zum Beispiel:

- Mitarbeiter
- Kunden
- Produkte
- Neue Entwicklungen
- Markt
- Mitbewerber
- Finanzen
- Administration (Versicherung, diverse Verträge, etc)
- Steuern
- etc.

Zeitplan: Definieren Sie einen klaren Zeitplan, wann Sie was übergeben werden. Auch wenn es für Sie lächerlich klingen mag: Machen Sie eine Art Stundenplan für die nächsten Wochen.

Entgelt: Erhalten Sie für den Wissenstransfer zusätzlich Geld? Wurde im Kaufvertrag eine Anzahl von Konsulententagen definiert, für die Sie zur Verfügung stehen? Wie hoch liegt dabei das Stunden- bzw. Tageshonorar? Oder gibt es andere Vergütungsmöglichkeiten (höherer Kaufpreis, Provision bei Neugeschäften, Naturalien, etc.)? Auf alle Fälle sollte dieses Thema von Anfang an geklärt werden. Nicht dass es am Ende noch zu Mißverständissen kommt, indem der neue Firmeneigentümer der Meinung ist, dass Sie alle Tage »nur für das Wohl und für die Zukunft der Firma« gratis zur Verfügung standen.

Aussagen von alten und neuen Firmeneigentümern zu Einschulungen, wie sie leider in der Praxis ablaufen:

> »Was auch bemerkenswert war, ist, dass er (der neue Geschäftsführer) mich nie nach irgendetwas gefragt hat. Ich habe die Firma verkauft, den Schlüssel abgegeben und es ist von ihm nie eine Frage gekommen. Ich hatte zwar das Mandat, ihn zu begleiten. Das wurde aber nie in Anspruch genommen. Für mich war es positiv, dass ich offensichtlich alles so zurückgelassen hatte, dass es keine Unklarheiten gab. Es gab keine unklaren Forderungen, Verbindlichkeiten, Kundenfälle, usw. Es war natürlich auch von ihm eine Stärke, dass er das Ganze alleine auf die Reihe bekommen hat. Was ich immer schon wollte, war, dass die Führungskräfte Einblick hatten bis ins Detail. Sie haben alle Abläufe in der Firma mitbekommen, inklusive Bank, Bilanzen, die ganzen finanziellen Geschichten. Das ist mir dann beim Verkauf zugute gekommen.« (Interview Reinhard Decker, Elektro Decker GmbH, 05/2009)

> »Ich bin am Mittwoch in die Firma gekommen. Er (der alte Chef) hat mit mir den Firmenrundgang gemacht und, hat mich allen Leuten vorgestellt. … Wir haben innerhalb von 14 Tagen die ganze Übernahme gemacht. Ich habe danach auch keine Unterstützung mehr von ihm gebraucht, weil wir alles umgekrempelt haben. Es war schlichtweg ein Chaos.« (Interview Jürgen Mertins, Koch Elektronik AG, 08/2009)

18. Häufige Fehler aus der Praxis

In diesem Kapitel möchte ich jene Themen ansprechen, die aus meiner Sicht sehr wichtig sind und bei denen immer wieder Fehler – hauptsächlich aus Sicht eines Firmenkäufers – gemacht werden.

Kunden: Aus der Sicht des Verkäufers sind alle Kunden treue, zuverlässige und dauerhafte Partner. Leider stimmt das in der Praxis nicht. Es besteht ein natürlicher Schwund bei den Kunden. Speziell wenn Ihre Firma keine Monopolstellung besitzt und die Konkurrenz aktiv ist, werden Kunden automatisch abwandern. Bei der Bewertung der Firma sieht man sich auch die Umsatzentwicklung für die nächsten Jahre an. Diese Umsatzentwicklung ist die Summe aller Umsätze mit den Kunden, oder? Meistens werden dabei immer wieder Steigerungen der Umsätze in den Folgejahren angenommen. Man möchte ja auch noch Neukunden gewinnen. Interessanterweise wird die Erosion der eigenen Kunden nie berücksichtigt. In den Präambeln von Jahresbudgets habe ich schon öfter den Hinweis gelesen, dass »… man im Budgetjahr mit keinem Ausfall eines Topkunden rechnet«. Und es passiert doch.

Daher mein Aufruf an alle Firmenkäufer: Prüfen Sie die Plausibilität der Umsätze mit den Topkunden. Sie müssen damit rechnen, dass aufgrund des Eigentümerwechsels Kunden wegfallen.

»Man kann keinen Kunden mitkaufen.« (Interview Bernhard Gössler, Druckhaus Gössler, 06/2009)

»Kunden sind das Wichtigste! Da hat es bei mir auch mal was gegeben. Das war die Firma Köck, die war höchst ertragreich, als ich sie gekauft habe. Der Verkäufer hat bereits gewusst, dass die Firma Mediamarkt kommt. Und das hat das gesamte Käuferverhalten der Zukunft umgestellt. Wir haben dann bei der Firma Köck die Mitarbeiterzahl halbiert, den Umsatz verdoppelt. Aber trotzdem keinen Gewinn mehr gemacht. Die Firma Köck war so fett und madig, weil dann einfach ihr Betriebskonzept nicht mehr gestimmt hat.« (Interview Dkfm. Martin Zumtobel MBA, F.M. Zumtobel Holding & Consulting GmbH, 08/2009)

»Wenn ich damals gewusst hätte, wie die Geschäftsentwicklung der vergangenen zwei Jahre verläuft, hätte ich den Kaufpreis gedrückt… Der Vertrag ist unterzeichnet worden und zwei Wochen danach hat der Kunde Billa den Backwarenvertrag gekündigt. Es hat sich dann in der Nachprüfung relativ schnell und deutlich herausgestellt, dass der Vertrag, den die Konsumgenossenschaft geschlossen hatte, sehr schwach war. Mittel gegen die Auflösung dieses Vertrags hatten wir nicht. Billa war bis dahin mit über 30 bis 40 Prozent Umsatzanteil ein sehr wichtiger Kunde. Wir hatten eine ausgesprochen schwierige Zeit gleich nach der Übernahme.« (Interview Gerhard Bartos, Montafoner Bäckerei, 06/2009)

Neben der oben genannten Prüfung der Plausibilität der Umsätze möchte ich hier noch auf das Potenzial bei den Topkunden hinweisen. In den meisten Fällen wird eine ABC-Analyse der Kunden durchgeführt. Wie hoch das jeweilige Potenzial bei den Topkunden aber noch ist, fehlt meistens.

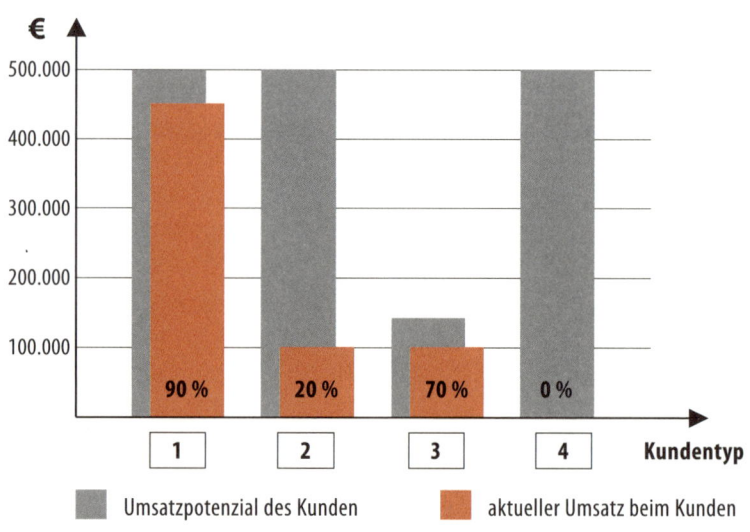

Am Beispiel der vier Kundentypen sehen Sie, dass der Kunde Nr. 2 trotz gleichem Umsatz wie Kunde Nr. 3 deutlich attraktiver für Sie ist, da er noch ein sehr großes – nicht ausgeschöpftes – Potenzial besitzt. Als nächstes stellt sich die Frage, wieso Sie an Kunde Nr. 4 nichts liefern.

Wenn Sie also – als Verkäufer – aufzeigen können, dass Sie nur einen geringen Lieferantenanteil bei einzelnen Ihren Kunden haben und dieser Anteil nach einer erfolgreichen Firmentransaktion deutlich steigen könnte, dürfte sich dies auf Ihre Unternehmensbewertung und somit auf den zu erwartenden Kaufpreis positiv auswirken.

Mitarbeiter: Das Thema Mitarbeiter wurde ausführlich in Kapitel 9 behandelt. Trotz aller Analysen darf man aber nie »die Rechnung ohne den Wirt machen«! Die Mitarbeiter sind keine Leibeigenen, die man kaufen oder verkaufen kann. Erfahrungen haben gezeigt, dass Mitarbeiter mit einem neuen Firmenchef auch offen für etwas Neues sind. Die Bindung zum Alten ist weg und eine Loyalität zum neuen Eigentümer besteht am Anfang nicht. Ein neuer Job und eine persönliche Veränderung reizen. »Der alte Chef hat es ja gerade vorgemacht, dass man sich verändern kann.«

Gehen Sie daher im Vertrag keine Zusagen ein, die im Zusammenhang mit den Mitarbeitern stehen. Wenn der neue Eigentümer das Fachwissen, die Abläufe, die Struktur und die gesamte Organisation auf einige wenige Schlüsselpersonen aufbaut, liegt das nicht in Ihrer Verantwortung.

Aussage eines Unternehmers, der am Anfang einer Firmenübernahme gegen den Unmut der Belegschaft kämpfen musste:

»Zum Beispiel bei der Übernahme einer Firma im Lungau, die im Konkurs war, da hat einer bereits das Unternehmen geführt, aber der Masseverwalter hat noch nicht entschieden, ob er es bekommt. Wir haben auch noch geboten und dann kam es zur Verhandlung. Wir haben mehr für das Unternehmen geboten. Dann ist ein Mitarbeiter aufgestanden und meinte, er möchte nicht, dass wir das Unternehmen bekommen, sondern der andere, der das Unternehmen schon geführt hat. Er hat aber nur 30 Prozent von dem geboten, was wir geboten haben. Dann hat sich der

»Einige Kunden

kaufen nur

wegen mir bei uns.«

(Aussage eines

Firmeninhabers)

Konkursrichter eingeschaltet: ›Passens auf, ich sag Ihnen jetzt was. Erstens können Sie froh sein, dass Sie noch einen Arbeitsplatz haben. Zweitens muss ich schauen, dass alle Gläubiger zufrieden sind. Und drittens, …‹ Jetzt müssen Sie sich vorstellen, jetzt sagt ein Mitarbeiter, ich will nicht, dass die Abatec die Firma kriegt. Wir haben aber geboten und den Zuschlag erhalten. Am Montag um 11 Uhr vormittags bin ich Besitzer einer Firma, in der die Leute gesagt haben, sie wollen das nicht. Dann bin ich in den Lungau gefahren und habe mit den Leuten gesprochen und alle haben am nächsten Tag bei mir angefangen.

Da kommt man dann auf Abläufe drauf, die sich einschleifen in ein Unternehmen. Das sind so skurrile Sachen wie bei dem Unternehmen im Lungau. Die Zentrale war in Salzburg, aber die Produktion und das Lager waren im Lungau. Der Verantwortliche für das Lager und die EDV war in Salzburg. Das heißt, wenn Material im Lungau eingegangen ist, hat der vom Lungau dem Leiter nach Salzburg gefaxt, dass jetzt 35 Stück von dem gekommen sind und der in Salzburg hat in die EDV die 35 Stück eingetragen. Dann hat er das in den Lungau gefaxt: Jetzt müsst Ihr das und das produzieren. Der im Lungau hat die Stückzahl ausgegeben und das wieder nach Salzburg gefaxt. Das war eine Doppelbeschäftigung. Es hat auch nie gestimmt. Der in Salzburg hat im Endeffekt alles gewusst, der im Lungau gar nichts.

Im Lungau waren so um die 25 bis 30 Leute. Bei der Übernahme haben sie mir dann erzählt, wenn sie einen Verbesserungsvorschlag gemacht haben und zum Beispiel gesagt haben, wir bräuchten das und das Werkzeug, um das und das zu verbessern, haben die Salzburger gefragt, ob sie denn schon wieder zu viel Zeit zum Denken hätten und ob sie mehr Arbeit bräuchten.« (Interview DI Friedrich Niederndorfer, Abatec Elektronic AG, 07/2009)

Verhandlungen: Es ist üblich, dass während des gesamten Verkaufsprozesses verhandelt wird – und nicht nur beim Kaufpreis. Speziell bei den diversen Bewertungen (Vorräte, Lager, Halbfertige, Kundenforderungen, etc.) und bei der Vertragsgestaltung (Gewährleistungen, Haftungen, etc.) gibt es genügend Möglichkeiten und Spielraum, sein Verhandlungsgeschick einzusetzen. Nur ist diese Eigenschaft nicht jedermans Sache. Daher versäumen es viele, aktiv zu verhandeln, weil sie es nicht können oder wollen. Spätestens hier sollten Sie sich externe Unterstützung suchen. Das spart Ihnen viel Geld und vor allem Ihre eigenen Nerven.

»Verhandeln ist wie Schachspielen. Da muss man sich vorher überlegen, was man will und wie schnell. Auch wenn man selbst den richtigen Zug macht, darf man nicht erwarten, dass der andere dann genau mit dem erwarteten Zug antwortet. Es kann immer passieren, dass er einen anderen Zug wählt.« (Interview DI Friedrich Niederndorfer, Abatec Elektronic AG, 07/2009)

Tipp: Sollten sich die Seiten bei der Verhandlung eines Detailpunktes uneinig sein und sich die Fronten verhärtet haben, so sollten Sie die Diskussion abbrechen und zu einem späteren Zeitpunkt neu starten. Wenn Sie in der Zwischenzeit weitere, offene Punkte erfolgreich geklärt haben, können Sie auf den »uneinigen Punkt« wieder zurückkommen. Im Sog der zuvor positiv gelösten Themen zeichnet sich meist auch hier eine Lösung ab.

Prüfung der Unterlagen: Auch wenn Sie nicht alles prüfen können, müssen Sie sich einen umfangreichen Überblick verschaffen. Sie sollten sich am Ende der Verhandlungen nie Vorwürfe über eine zu hastige oder mangelhafte Prüfung der Unterlagen machen müssen.

»Was vielleicht besser zu machen wäre, ist eine genauere Prüfung von Informationen. Es sind gewisse Daten von der Due Diligence her nicht genau bzw. nur partiell offengelegt worden. Im Nachhinein ist dann klar geworden warum. Da sind Sachen unter den Teppich gekehrt worden. Das hätte man noch tiefgründiger eruieren können. Aber da stand der Zeitfaktor dagegen.« (Interview Jürgen Mertins, Koch Elektronik AG, 08/2009)

Firmenwortlaut: Wenn Ihre Firma auch Ihren Namen trägt, reagieren die Parteien oft sehr unterschiedlich. Manche alten Firmeninhaber möchten, dass der Name mit ihrem Ausscheiden verschwindet, manche neuen Firmenbesitzer kreieren schon vor der Vertragsunterzeichnung einen neuen Firmennamen inklusive Logo. Derartige kurzfristige Namenswechsel sind SEHR riskant. Sie verunsichern alle Beteiligten, die Mitarbeiter, die Kunden, die Lieferanten, einfach alle. Ein Wechsel des Firmennamens sollte erst nach einer Etablierungsphase erfolgen – frühestens nach einem Jahr!

»Das Schwierige war der Corparate-Identity-Wandel und damit den neuen Auftritt der Firma klarzumachen. Natürlich wurden Aussendungen versandt. Es sind trotzdem Überweisungen an den alten Eigentümer gegangen und nicht an uns. Bis sich das ganze eingespielt hat, dauerte es einfach. Bei den bestehenden Kunden kennt man uns jetzt zu 90 Prozent. Das Schwierige besteht darin, mit dem neuen Namen auf den Markt zu kommen. Wir haben nicht viel Marketingbudget, wir können nicht viel in Zeitungen inserieren und so eine große Präsentation der neuen Corporate Identity starten. Aber wir sind sehr stark im Vertrieb. Wir sind sofort zu den Kunden gegangen. Ich schätze die Nähe zum Kunden sehr stark. Wir sind wirklich viel unterwegs und erzeugen so Kundennähe. Es ist ein harter Weg. Nach einem Jahr sind wir immer noch nicht dort, wo wir sein wollen. Es gibt noch viel zu tun.« (Interview Peter Bernatzik, BPC GmbH, 06/2009)

»Aber für mich ist es immer noch das absolut Schwierigste, einen Firmennamen zu bewerten.« (Interview Bernhard Gössler, Druckhaus Gössler, 06/2009)

Am Anfang

steht die Euphorie,

am Ende

die Ungeduld.

19.   Fazit – darauf kommt es an!

Der Kauf und Verkauf von Firmen war in der Vergangenheit noch ein sehr delikates Thema. Vielen Unternehmern war es sehr unangenehm, wenn sie den richtigen Nachfolger nicht in der eigenen Familie gefunden haben. Doch diese Zeiten sind endgültig vorbei. Der Kauf bzw. Verkauf von Firmen ist genau so legitim wie der Kauf bzw. Verkauf ihrer Produkte. Das soll aber nicht heißen, dass man auf Diskretion und Vertraulichkeit verzichten soll.

Das Fazit möchte ich nun mit einigen Schlagworten und weiteren Zitaten von Betroffenen ziehen.

Durchhalten
»Ein wichtiger Prozess ist das Durchhalten.« (Interview Reinhard Decker, Elektro Decker GmbH, 05/2009)

Fachwissen – Kunden – Mitarbeiter
»Ich glaube, wichtig ist, dass man die Materie versteht und aus dem Fach kommt. Ich glaube, es gibt viele reine Betriebswirtschaftler, die irgendwo reinkommen und etwas machen. Aber Zahlen sind nicht alles, man muss auch mit der Materie befasst sein, sonst hätte ich Bauchweh.
Ein guter Kundenstamm ist wichtig. Wie und wer sind die Kunden? Man muss ja als neuer Unternehmer mit denen starten. Wichtig sind natürlich auch die Mitarbeiter. Zu ihnen braucht man einen guten Draht.« (Interview Jürgen Mertins, Koch Elektronik AG, 08/2009)

Die richtige Beratung
»Aus meiner Sicht braucht es zwei Berater – einen für die finanzielle und einen für die emotionale Seite.« (Interview Reinhard Decker, Elektro Decker GmbH, 05/2009)

Der Kauf bzw. Verkauf

von Firmen

ist genau so legitim

wie der Kauf bzw. Verkauf

ihrer Produkte.

Selbstständigkeit

»Ich kann es jedem empfehlen, den Schritt in die Selbstständigkeit zu machen. Es ist etwas, das absolut erstrebenswert ist. Man muss nur wirklich ein überschaubares Risiko haben. Das Risiko muss sein, es geht nicht ohne. Aber es muss überschaubar sein und auch eine klare Herausforderung darstellen. Dann ist es das Schönste, was es gibt. Man muss natürlich ein Vorbild für die Mitarbeiter sein. Würde ich jeden Tag um elf Uhr kommen, wäre ich kein gutes Vorbild. Das Feine ist, man ist niemandem Rechenschaft schuldig. Man kann das machen, was man will, und wie man es für das Beste hält.« (Interview Peter Bernatzik, BPC GmbH, 06/2009)

Vertrauen

»Der wichtigste Punkt bei einem Unternehmenskauf ist sicher der wirtschaftliche Aspekt. Das muss klar und offen auf dem Tisch liegen, so dass man es auch dementsprechend beurteilen kann. Das ist ja dann die Basis von allem. Der zweite wichtige Punkt ist das Vertrauen in alle Beteiligten. Also in den Verkäufer und in den Berater. Und das dritte ist dann die persönliche Einstellung zu dem Ganzen. Ich muss von mir wirklich zu 100 Prozent überzeugt sein, dass ich das machen will und dass ich es mir auch zutraue.

Wenn ich auf einen dieser drei Punkte ein Nein setzen müsste, dann muss ich die Finger davon lassen und sagen, das soll ein anderer machen.« (Interview Gerhard Bartos, Montafoner Bäckerei, 06/2009)

Zeigen Sie

Gefühle!

Schlusswort

Wenn Sie Ihre Firma verkaufen, geht es um mehr als nur um eine Sache. Es ist Ihr »Baby«, das Sie großgezogen haben.

Daher ist es absolut normal, wenn der gesamte Verkaufsprozess Sie emotional berührt. Spielen Sie nicht den starken Max. Im Gegenteil – wenn Sie während der Verkaufsverhandlungen, bei der Darstellung der Firma und bei der Schilderung der Zukunftsperspektiven nicht Ihre Gefühle einbringen, sind Sie nicht authentisch und damit nicht glaubwürdig. Dies gilt übrigens auch bei der innerfamiliären Betriebsübergabe!

»Söhne sind klüger als ihre Väter!«

Auch wenn das die alten Herren nicht gerne hören. Die Seniorchefs haben ja so viel Erfahrung, Wissen und Praxis, und trotzdem sind es die Söhne, die noch mehr wissen. Das ist die Evolution, oder?

Frage: Wer hat die Glühbirne erfunden?
Antwort: Thomas Alva Edison (1847 – 1931)
Frage: Wenn aber die Väter klüger sind als die Söhne, wieso hat dann nicht der Vater von Thomas Edison die Glühbirne erfunden?

Mit anderen Worten: Machen Sie sich keine Sorgen um Ihre Firma. Die neue, jüngere Generation weiß, was sie tut.